W0075307

HEINRICH VON PIERER

DIE
KUNST
DES
MACHBAREN

REDLINE | VERLAG

DIE
KUNST
DES
MACHBAREN

Lehrreiches und Heiteres
aus dem Leben
eines Topmanagers

HEINRICH
VON PIERER

Bibliografische Information der Deutschen Nationalbibliothek
Die Deutsche Nationalbibliothek verzeichnet diese Publikation in der Deutschen
Nationalbibliografie. Detaillierte bibliografische Daten sind im Internet über
http://dnb.d-nb.de abrufbar.

Für Fragen und Anregungen:
info@redline-verlag.de

1. Auflage 2021

© 2021 by Redline Verlag, ein Imprint der Münchner Verlagsgruppe GmbH,
Türkenstraße 89
D-80799 München
Tel.: 089 651285-0
Fax: 089 652096

Redaktion: Dr. Annalisa Viviani
Umschlaggestaltung: Marc Fischer
Umschlagabbildung: Artem Kovalenco/Shutterstock
Satz: Helmut Schaffer, Hofheim a. Ts.
Druck: GGP Media GmbH, Pößneck
Printed in Germany

ISBN Print 978-3-86881-839-0
ISBN E-Book (PDF) 978-3-96267-301-7
ISBN E-Book (EPUB, Mobi) 978-3-96267-302-4

Weitere Informationen zum Verlag finden Sie unter

www.redline-verlag.de

Beachten Sie auch unsere weiteren Verlage unter www.m-vg.de

INHALT

VORWORT

Meine Enkel haben mir einmal eine überdimensionale Weltkarte geschenkt, die an einer Wand in unserem Hobbykeller einen Platz gefunden hat. Darauf sollte ich alle Länder mit einem dicken Farbstift markieren, in die ich im Laufe meines mehr als 40-jährigen Berufslebens gereist bin. Es kamen in der kleinen Geografiestunde nach einigem Nachdenken immerhin fast 70 auf allen Kontinenten zusammen.

Ist das jetzt viel oder wenig?

Immerhin ist das Unternehmen, für das ich die weitaus meisten dieser Reisen unternahm, in rund 200 Ländern tätig, übertroffen in seiner Internationalität eigentlich nur von der katholischen Kirche, dem Olympischen Komitee, der FIFA, dem Weltfußballverband, und wahrscheinlich noch von Coca-Cola. Und die Mitarbeiterinnen und Mitarbeiter des Unternehmens kommen aus rund 170 Ländern, ein echter Multikulti, der die Vielfalt auf Basis seiner Werte und Normen aktiv gestaltet hat. Eine gelebte Tradition, die schon im 19. Jahrhundert vom Firmengründer Werner von Siemens zusammen mit seinen Brüdern Wilhelm und Carl begründet wurde, die in England bzw. Russland für das Unternehmen erfolgreiche Tochtergesellschaften betrieben.

Jedenfalls haben die zahlreichen Begegnungen mit Menschen aus unterschiedlichen Kulturkreisen für einzigartige Erlebnisse und Erfahrungen gesorgt. Wichtig war dabei, sich immer wieder auf Menschen einzustellen, die durch eine andere Geschichte und ein anderes Umfeld geprägt sind als wir. Und mit entsprechendem Verhalten und Auftreten auf Erwartungen und Wünsche dieser Menschen zu reagieren, ohne sich zu verbiegen und dabei vielleicht an Glaubwürdigkeit zu verlieren.

Ein Teil dieses Buches widmet sich diesen besonderen Erfahrungen im Umgang mit Menschen, die, einfach ausgedrückt, »ganz anders ticken als wir«.

Der andere Teil befasst sich mit Reaktionen und Verhaltensweisen von Menschen, denen man in einem von Bürotätigkeit und Dienstreisen ausgefüllten Berufsleben im Laufe der Jahre beziehungsweise der Karriere intern wie extern begegnet, und wie man mit neu auftretenden Situationen am besten umgeht. Das schließt auch den Umgang mit Diversity und Inklusion ein, also mit der Vielfalt im Unternehmen, besonders der Gleichberechtigung von Frauen und Männern, den Umgang mit der Presse basierend auf guten und weniger guten einschlägigen Erfahrungen und den Umgang mit der »Politik« verbunden mit einem Plädoyer für ein starkes Engagement von Führungskräften in Gremien des politischen und vorpolitischen Raums.

Im letzten Kapitel geht es schließlich darum, wie ein von der Steigerung des Unternehmenswertes, des Shareholder Value, geprägtes Streben der Unternehmensführung in Einklang gebracht werden kann mit den Interessen der anderen Beteiligten, der sogenannten Stakeholder, insbesondere mit denen der Beschäftigten.

Das Buch will kein allumfassender Ratgeber sein, die geschilderten Erkenntnisse sind authentisch und genuin, sie sind nicht die Anleitungen eines Coachs. Wer heute in der freien Wirtschaft Verantwortung übernimmt und Entscheidungen trifft, der muss sich die richtigen Strategien aneignen und einen auf sich rasch ändernde Situationen bezogenen Führungs- und Entscheidungsstil wählen. Er muss aus der schier unübersehbaren Fülle von Informationen in einem selektiven Prozess die richtigen Erkenntnisse gewinnen, Vertrauen schaffen nach innen und außen und Respekt vor der Kultur seines Gegenübers bekunden. Er muss mit Misserfolgen zurechtkommen, darf aber auch nicht vergessen, Erfolge gebührend zu feiern, weil sie Motivation für den weiteren Aufstieg schaffen.

Nicht alles, was in den folgenden Kapiteln zu lesen ist, eignet sich zum Nachahmen, und nicht alles ist immer ganz ernst gemeint. Mit Streifzügen durch bestimmte Vorkommnisse meines Managerlebens stellt das Buch einen Brückenschlag dar zwischen meinen eigenen Erfahrungen als langjährigem Chef eines Unternehmens mit fast 500 000 Mitarbeiterinnen und Mitarbeitern und einem intensiv erlebten internationalen Geschäftsgebaren. Es vermittelt aus eigenen Erlebnissen allgemeine Erkenntnisse, die vor allem auch für junge Manager von Nutzen sein können, und will einen Beitrag zu einer nach innen und außen wirkenden, lebendigen Unternehmenskultur leisten.

DER DOPPELTE
BOSPORUS-EFFEKT

Als ich am 1. Oktober 1969 im Alter von 28 Jahren etwas aufgeregt, aber voll Optimismus das erste Mal das Hauptverwaltungsgebäude der Siemens AG in Erlangen als neuer Mitarbeiter der Rechtsabteilung betrat, war mein zukünftiger Vorgesetzter auf Dienstreise im Ausland und verhandelte über den Bau des schon bald umstrittenen, in Mosambik gelegenen Wasserkraftwerks Cabora Bassa. Also führte mich ein Kollege durch die Abteilung und stellte mich den anderen vor. Dabei wurde ich auch in der Steuerabteilung bekannt gemacht. Dort kam ich mit dem Abteilungsleiter ins Gespräch, der mir einen dezenten Tipp gab: »In der Sonne bräunt's sich schneller.« Erst verstand ich nicht, was er mir damit sagen wollte, aber dann fiel bei mir der Groschen: In der Hauptverwaltung in München spielt die Musik – wer Karriere machen will, muss möglichst schnell in die Zentrale nach München überwechseln. In Erlangen würde man versauern. Den Rat habe ich nicht gleich befolgt. Aber nach einigen Jahren habe ich bemerkt, dass ich in einer Sackgasse gelandet war und ich mich nur mit einem radikalen Richtungswechsel befreien konnte. Doch dazu später.

Zugewiesen wurde mir ein Platz in einem sogenannten Wechselzimmer. Es wurde frei gehalten, falls der Chef aus München einmal zu einem seiner seltenen Besuche in die Erlanger Filiale kommen sollte. Mir fiel nicht gleich auf, dass das Zimmer mit relativ schönen Vorhängen ausgestattet war, was einem Anfänger wie mir nicht zustand.

Damals war es sogar so, dass die Arbeitsstühle im Großraum erst ab einem bestimmten Dienstrang mit Armlehnen versehen waren. Man erzählte sich, dass ein Kriegsversehrter, der nur einen Arm hatte und einen niedrigen Dienstrang aufwies, sogar mit einem Stuhl bedacht worden sein soll, der nur auf einer Seite eine Armlehne besaß. Das war vielleicht auch nur ein nicht besonders guter Scherz, aber die Vorgaben waren damals streng, und ich wurde nach einigen Wochen in ein anderes Zimmer umquartiert – ohne Vorhänge.

Wie groß der Respekt vor der Münchner Zentrale und den dortigen Chefs bei uns in der Erlanger Dependance war, habe ich erst später anhand eines fast kuriosen Vorfalls mitbekommen. Als einmal einer der ganz seltenen Anrufe vom Leiter der Rechtsabteilung aus München kam, der nach mir verlangte, lief mir meine fachlich beschlagene und um mich immer sehr bemühte Sekretärin, offenbar besorgt um meine Karriere, nach und rief vom Gang in die Toilette, ich solle schnell ins Sekretariat kommen und das Telefonat annehmen. Auch unter den Sekretärinnen gab es eine ausgeprägte Hierarchie, und die strenge und durchaus einflussreiche Dame in München hätte nicht lange auf der anderen Seite der Leitung auf Antwort gewartet.

Später wurde der Münchner Chef – er hatte auch das wichtige Amt des Justiziars und damit eine besondere Vertrauensstellung bei Vorstand und Aufsichtsrat inne – einer meiner wichtigsten Förderer und ganz am Ende seiner Tätigkeit, die ihn noch in den Aufsichtsrat der Siemens AG führte, ein echter Freund.

Ein Ritual, das die Sekretärinnen zu beachten hatten, bestand darin, bei der Herstellung von Telefonverbindungen zuerst den »Rangniedrigeren« in die Leitung zu nehmen und dann erst zum »Ranghöheren« durchzustellen. Zu den erfrischenden Erlebnissen zählte es – zugegebenermaßen erst Jahre später –, wenn ein leibhaftiger Bundeskanzler, gemeint ist Gerhard Schröder, selbst die Namenstaste an seinem Diensttelefon drückte und direkt im Sekretariat in München anrief. Beim ersten Mal, als das passierte, dachte meine Sekretärin noch, sie erlebe einen Fake-Anruf, und wollte gar nicht weiterverbinden. Diese Abwehrreaktion amüsierte den Bundeskanzler, er hatte sie wohl mit einer gewissen Freude an dem gelungenen Überraschungseffekt einkalkuliert.

Ich hatte dann das große Glück, dass gleich zu Anfang meiner Tätigkeit die ersten großen internationalen Projekte hereinkamen. Damit hatte ich zwar so gut wie keine Erfahrung, aber da ich aufgrund meiner Stellung in der Rechtsabteilung »formal« zuständig war und es noch nicht üblich war, die Verantwortung für komplizierte Rechtsfragen an teure externe Anwälte »auszulagern«, wie das heute bei vielen Themen der Fall ist, wurde ich gleich voll miteinbezogen.

Und dann wurde es spannend. Es ging um einen Riesenauftrag im Iran: den Bau von zwei Kernkraftwerken in Buschehr am Persischen Golf. Schah Mohammad Reza Pahlavi wollte unabhängig vom Öl und wohl auch unabhängiger von amerikanischen Einflüssen werden. Deshalb sollten nicht damals das Geschäft mit der Kernenergie noch dominierende US-Firmen, sondern die Deutschen, nämlich Siemens, zum Zuge kommen. Der Auftragswert belief sich einschließlich zugehöriger Dienstleistungen auf die Rekordsumme von 15 Milliarden DM. Später sollten noch vier weitere Kernkraftwerke gebaut werden. Auch darüber wurde ein paar Jahre danach verhandelt. Für die vier zusätzlichen Anlagen wären vielleicht noch einmal 20 Milliarden DM fällig geworden – unvorstellbare Größen, aber auch gewaltige Risiken.

Dabei sind nicht die Einzelheiten der Projekte interessant, sondern die grundsätzliche Taktik und Strategie, also die Elemente einer Verhandlung, die meines Erachtens eine gewisse allgemeine Gültigkeit haben.

Unser Kernteam bestand nur aus drei Personen: einem Techniker, einem Kaufmann und mir als Juristen. Nachdem der allseits beliebte und höchst kompetente Kaufmann einen Herzinfarkt erlitten hatte und plötzlich verstarb, waren wir nur noch zu zweit. Auch das Team auf der Gegenseite war im Übrigen bei den Endverhandlungen nicht größer. Warum waren wir nach immerhin etwas mehr als eineinhalb Jahren intensiver Diskussion letzten Endes erfolgreich?

Wir hatten durch unsere technische Kompetenz überzeugt. In den Verhandlungen in Teheran wurden tagsüber schwierige Fragen zu speziellen technischen Sachverhalten gestellt, die mein Partner nicht gleich beantworten konnte. Sie mussten an die zuständigen Fachabteilungen weitergereicht werden. Aber am nächsten Morgen hatte er alle Antworten parat. Die Fragen wurden nämlich noch am späten Nachmittag per Fernschreiber – die gab es damals noch als wichtiges Kommunikationsmittel – nach Deutschland übermittelt, wo die Mannschaft aufgrund der Zeitdifferenz genügend Zeit hatte, die Themen aufzuarbeiten. Die Iraner betrachteten diese erstaunliche Schnelligkeit, verbunden mit großer Sachkenntnis, als deutsche Perfektion und waren tief beeindruckt.

Wir waren außerdem absolut ehrlich und um totale Glaubwürdigkeit bemüht. Das war aber nicht einfach durchzuhalten, weil es die andere Seite mit der Wahrheit nicht immer so genau nahm, wie sie das von uns erwartete.

Doch wir blieben unserer Linie treu. Wir haben uns auch nie mit minderwertigen technischen Lösungen aus der Affäre gezogen, um etwa Kosten einzusparen. Unser Kunde gewann immer mehr Vertrauen in die deutsche Spitzentechnik. Einer seiner Berater – er kam aus Argentinien und war ein in nuklearen Fragen erfahrener Mann, ein ausgesprochener Experte – sagte einmal zu seinen Auftraggebern, sogar in unserem Beisein: »Wenn Sie bei den Deutschen und bei Siemens kaufen, dann ist das zwar teuer, aber Sie bekommen dann auch einen Rolls-Royce.« Was offenbar das Beste war, was er sich vorstellen konnte.

Nun sind Kernkraftwerke vielleicht ein besonderer Fall. Technische Schwächen kann man sich dort noch weniger leisten als anderswo. Aber es ist ganz allgemein ein kluges Rezept, nicht zu tricksen. Wenn man langfristig zusammenarbeiten will, geht man besser keine technischen Kompromisse zum Nachteil des Kunden ein. Sicherheit vor Wirtschaftlichkeit war die vom damaligen mit hohem Verantwortungsbewusstsein arbeitenden Vorstand der Siemens-Kraftwerkssparte ausgegebene Devise, wenn wir Kernkraftwerke im Auftrag hatten, und wir befolgten diese Vorgaben auf unserer Ebene vorbehaltlos.

Wir waren befugt, alle erforderlichen technischen und kaufmännischen Vereinbarungen zu treffen. Es gab keine einschränkenden Richtlinien. Nur beim Preis hatten wir einen begrenzten Verhandlungsspielraum.

Aus heutiger Sicht muss ich sagen, dass diese weit gespannte Vollmacht für das Unternehmen gefährlich hätte sein können. Wir wurden wochenlang im Iran festgehalten. Es gab keinerlei Fortschritte in den täglichen Verhandlungen, weil sich der Kunde nicht bewegte und wir keine unbedachten Risiken eingehen wollten. Immer wieder ging es vorwärts und rückwärts um dieselben sehr wichtigen etwa zwanzig Vertragspunkte. Die Hinhaltetaktik hätte uns zermürben und zu Zugeständnissen verleiten können, die wir später bei der Abwicklung des Projekts noch bereut hätten.

Vieles, worum wir stritten, schien zum damaligen Zeitpunkt ohnehin ziemlich theoretisch zu sein. Der Schah saß vermeintlich fest im Sattel und verfügte vor allem nach der deutlichen Erhöhung der Ölpreise über genügend Geld, um auch kostspielige Projekte durchzuziehen.

Aber es kam bald ganz anders. Schon zweieinhalb Jahre nach der Vertragsunterzeichnung platzte mitten in die Abwicklung hinein die Iranische Revolution. Die Revolutionäre sorgten dafür, dass die Zahlungen eingestellt wurden, und der Bau der Kraftwerke wurde nach etwas mehr als der Hälfte der Fertigstellung abgebrochen. Vertragsklauseln, die zunächst von theoretischer Bedeutung erschienen, waren plötzlich lebenswichtig.

Am Ende waren es drei Punkte, die uns in den langwierigen Schiedsverfahren – man glaubt es kaum, sie dauerten fast 25 Jahre – zugutekamen. Wir hatten ein klar formuliertes Kündigungsrecht, wenn der Kunde mit Zahlungen in Rückstand geriet. Wir kamen zwar um die Anwendung iranischen Rechts auf den Vertrag nicht umhin. Aber es gab eine Bestimmung im Vertrag, dass die getroffenen Regelungen abschließend waren. Damit war der Rückgriff auf das für uns unübersichtliche iranische Recht – wir hatten immer die Scharia vor Augen – ausgeschlossen. Und schließlich hatten wir bei Streitigkeiten ein internationales Schiedsgericht nach den Regeln der Internationalen Handelskammer mit Sitz in Paris (ICC) durchsetzen können. Mit anderen Worten: Wir waren bei unserem langjährigen Rechtsstreit keinem vielleicht von übereifrigen Revolutionären beeinflussten islamischen Gericht ausgeliefert.

Als uns die Iraner später auf 15 Milliarden DM Schadenersatz verklagten, weil wir das Projekt abgebrochen hatten und es auch aufgrund internationalen Drucks nicht fortsetzen konnten, waren sie aufgrund der Rechtslage vor dem Schiedsgericht chancenlos. Die Klage wurde abgewiesen. Wir hatten für das Klagerisiko keine Rückstellung gebildet und auch keine Ad-hoc-Meldung zur Warnung wegen der erhobenen immensen Ansprüche an den Kapitalmarkt vorgenommen, weil wir unserer Sache absolut sicher waren – und das will angesichts der im Allgemeinen zu Kompromissen neigenden internationalen Schiedsgerichtsbarkeit etwas heißen. Heute wäre ein solcher Verzicht auf eine Ad-hoc-Meldung nur schwer vorstellbar.

Auch diese persönliche Erfahrung mit einer umfassenden Verhandlungsvollmacht hat mich später veranlasst, für eine klare

Begrenzung der Befugnisse von Verhandlungsteams einzutreten, für »limits of authority«. Darin werden grundsätzliche Verhandlungslinien festgelegt, zum Beispiel u.a. zu Haftungsfragen und möglichen Schadenersatzansprüchen des Kunden wegen Schlechterfüllung des Vertrags. Wenn davon abgewichen werden soll, muss die Angelegenheit in der Hierarchie »nach oben« eskaliert werden.

Das schafft eine gewisse Sicherheit, dass in den Verhandlungen von manchmal »gierigen« Vertriebsleuten, die einen Vertragsabschluss um jeden Preis wollen, bestimmte Grenzen nicht überschritten werden. Außerdem bieten solche vorgegebenen Beschränkungen dem Verhandlungsteam die Möglichkeit, sich darauf zu berufen und Zugeständnisse abzulehnen, weil ihm diese nach den internen Regeln nicht erlaubt sind.

Mein Partner auf der technischen Seite war um einiges älter als ich und ein ausgesprochenes Verhandlungsgenie. Wir wurden von den Iranern in den langen Verhandlungen immer wieder mit völlig unannehmbaren Forderungen konfrontiert. Mein Kollege – er hatte den schönen Namen Killer, war aber ein durchaus friedlicher Mensch – konterte solche Ansinnen häufig mit dem Satz: »I agree with you a hundert percent.« Als ich ihn noch nicht so gut kannte und das zum ersten Mal hörte, versank ich als für den Vertrag letztlich verantwortlicher Jurist fast im Boden. Ich fürchtete um meinen Job. Und dann redete er weiter. Brachte Beispiele über Beispiele aus der Projektabwicklung, sein eigentlich ganz gutes Englisch wurde immer schlechter, alles Taktik. Aber der Kunde hörte weiter zu und hatte immer noch im Ohr die 100-prozentige Zustimmung, obwohl sich die Dinge in der Argumentation längst in eine völlig andere Richtung gedreht hatten.

Später habe ich im Unternehmen Seminare über Verhand-
lungstechnik besucht. Dort war einmal von einer sogenannten
APO-Methode die Rede. Sie bedeutet, dass man zunächst einen
Partner, auch wenn er mit noch so unsinnigen Forderungen aufwartet, nicht schroff zurückweist, sondern ihm zunächst einmal
das Gefühl der persönlichen Akzeptanz vermittelt. Ihn also ernst
nimmt und das auch zeigt. Im nächsten Schritt geht es dann
darum, die Dinge zu problematisieren, vielleicht auch mit Fragen,
um auf eine sanfte Weise zu zeigen, dass es so wie gefordert nicht
gehen kann. Marco Killer hatte nie ein Seminar besucht. Er war
einfach ein Naturgenie und für mich ein Lehrmeister.

Die Iraner liebten ihn geradezu und wollten nur mit ihm verhandeln. Als er einmal wegen einer schweren Krankheit für einige
Zeit ausfiel und wir weitermachen wollten, sagte der iranische
Verhandlungsführer zu mir: »If I have to make concessions, I will
make it only to him.« Und wir mussten warten, bis er wieder
gesund war. Erst dann ging's weiter.

Natürlich bekamen wir von unseren Vorgesetzten immer wie-
der bestimmte Vorgaben für die Verhandlungen, die wir dann in
Teheran aber nicht durchsetzen konnten. Also mussten wir vor
Ort Zugeständnisse machen, die den Anweisungen zuwiderliefen.

Dafür prägten wir den Ausdruck des doppelten Bosporus-
Effekts. Spätestens wenn wir auf dem Flug nach Teheran den
Bosporus überquerten, mussten wir uns überlegen, wie wir die
Auflagen, die wir in Deutschland erhalten hatten, beim Kunden
vertreten konnten, ohne gleich aufzulaufen. Wenn das, wie so
häufig, in Teheran dann nicht ganz gelungen war, mussten wir
beim Heimflug, spätestens wenn wir wieder Istanbul überflogen,

eine Strategie entwickeln, wie wir die Zugeständnisse, die wir gemacht hatten, zu Hause erklären und am besten als Erfolg verkaufen konnten.

Diese Vorgehensweise war für den reibungslosen Fortgang des Projekts wichtig und natürlich auch für unsere Karriere. Sie setzte selbstverständlich voraus, dass wir in Teheran verantwortungsbewusst und nicht unvernünftig vorgegangen waren, auch wenn die eingegangenen Kompromisse nicht ganz den Weisungen entsprachen. Instruktionen, die man von Menschen bekommt, die aus gut gemeinten Gründen zur Vorsicht mahnen, aber dem Kunden bei den Verhandlungen nicht in die Augen sehen müssen, sind erfahrungsgemäß häufig problematisch und auch nicht immer umsetzbar.

Allerdings sollte eine Schlussfolgerung zumindest bei risikoreichen Großprojekten darin bestehen, Projektakquisition und Ausführung in einer Hand zu belassen. Dass also diejenigen, die einen Auftrag hereingeholt haben, auch für dessen Abwicklung verantwortlich gemacht werden. Es dämpft die Risikofreude bei Vertragsverhandlungen ungemein, wenn man später selbst die Suppe auslöffeln muss, die man sich eingebrockt hat. Ganz abgesehen davon, dass bei komplexen Aufträgen Detailwissen der Projektverantwortlichen über Vertragsinhalte von Nutzen ist.

Bei den Diskussionen mit unserem iranischen Kunden lief keineswegs alles immer glatt und ohne Aufregung. Einmal traf es auch mich. Ich hatte offenbar gestresst und wahrscheinlich auch leicht verärgert eine nicht ganz passende Bemerkung zum Auftreten des iranischen Verhandlungsführers fallen lassen. Der nahm das zum Anlass, um eine ordentliche Show abzuziehen und mich als Chauvinisten zu bezeichnen. Er verlangte theatralisch, dass ich aus den weiteren Verhandlungen ausgeschlossen würde. Es wurde peinlich, ich musste umgehend den Raum verlassen.

Ein endgültiger Ausschluss wäre für meine weitere Karriere nicht gerade förderlich gewesen. Aber auch für das Verhandlungsteam hätte er einen ziemlichen Rückschlag bedeutet, denn man hätte jemanden in die komplexen Sachverhalte völlig neu einarbeiten müssen und viel wertvolle Zeit verloren. Außerdem stellt sich in solchen Fällen auch die Frage, ob man sich den Rauswurf eines Mitglieds des Teams gefallen lassen darf. Jeder, der sich für das Unternehmen in einem schwierigen Umfeld einsetzt, ist auf die Solidarität der Führung angewiesen. Das wird in Unternehmen genau beobachtet.

Es hieß also, sich zu bemühen, die Wogen wieder zu glätten und eine Rücknahme der Entscheidung zu erwirken. In meinem Fall hat mein Partner die Sache am nächsten Tag mit einem netten persönlichen Gespräch beim Kunden wieder eingerenkt. Die vermeintliche Empörung der Gegenseite war reine Verhandlungsstrategie. In der Folgezeit ging alles weiter, als ob nichts gewesen wäre. Ich hatte eigentlich zu dem Mann ein gutes Verhältnis, das u.a. daher rührte, dass ich einmal mit ihm an einem Abend eine Flasche Cognac ausgetrunken hatte – das war mit Iranern damals noch möglich –, was ihm am nächsten Tag milde ausgedrückt deutlich besser bekommen war als mir. Dieser »Sieg« hatte eine gewisse persönliche Verbundenheit etabliert.

So arbeiteten wir uns mühsam durch den Verhandlungsmarathon, bis wir endlich mit einem unterschriftsreifen Vertrag nach Deutschland zurückkehrten, der wenige Tage später mit großem

Tamtam auch in Teheran von den obersten Chefs unterschrieben wurde. Das dicke Vertragswerk konnten diese natürlich nicht lesen. Aber die letzte Seite mit der Unterschrift schon.

Marco Killer und ich waren übrigens von den langwierigen Verhandlungen so erschöpft und über das Ergebnis so erleichtert, dass wir beide während der Unterschriftszeremonie bei den feierlichen Reden eingenickt sind. Das blieb glücklicherweise unbemerkt. Wir saßen unserem Dienstrang entsprechend in einer hinteren Reihe.

Als wir wieder zurück waren, wurden wir zum Vorstandsvorsitzenden gerufen und erhielten eine Erfolgsprämie von etwa zwei Monatsgehältern, was bei einem Auftragswert von deutlich über 10 Milliarden DM – es wurden später noch viel mehr, noch dazu mit guter Profitabilität – nicht gerade üppig war. Uns hat die Prämie auch wegen der damit ausgedrückten Anerkennung glücklich gemacht. Der nächste Familienurlaub war gesichert. Bei heute an Top-Boni gewöhnten Spitzenmanagern würde die von uns als nobel empfundene Geste wohl eher mit einem Lächeln quittiert werden.

WEICHENSTELLUNGEN UND STOLPERSTEINE

Auf dem Weg zum beruflichen Erfolg gibt es Weichenstellungen und Stolpersteine, die man nicht immer gleich als solche erkennen kann. Manche Entwicklung kann man beeinflussen, manche beruht eher auf Zufall.

Zufall war es zum Beispiel, dass ich mit fünf oder sechs Jahren mit einem Schneeball einen damals als Untermieter unter sehr beengten Wohnverhältnissen im selben Haus lebenden Studenten mitten im Gesicht traf und dafür nicht ganz unberechtigt eine kräftige Ohrfeige kassierte.

Dreißig Jahre später erinnerte sich der zum angesehenen Vorstandsvorsitzenden der Kraftwerk Union (KWU) aufgestiegene ehemalige Student an den kleinen frechen Buben und förderte dessen Karriere, wie man hoffentlich annehmen darf, nicht nur aus schlechtem Gewissen. Die KWU war die Tochtergesellschaft von Siemens, die auf der ganzen Welt Kraftwerke baute, darunter auch die besten und sichersten Kernkraftwerke der Welt, ein großartiges Unternehmen mit herausragenden Technologien und exzellenten Ingenieuren. Leider mit einem für das Exportgeschäft nicht immer ganz förderlichen Namen. Bei der Gründung als

Gemeinschaftsunternehmen mit der AEG hatte man offensichtlich unberücksichtigt gelassen, dass das Wort »Union« im englisch/amerikanischen Sprachgebrauch mit »Gewerkschaft« gleichzusetzen ist. Das hat beim Auftreten der KWU im internationalen Umfeld zu einigen Irritationen geführt, vor allem als in den USA Turbinen verkauft werden sollten. Die heute bei neu formierten Unternehmen immer wieder anzutreffenden Kunstnamen sind zwar oft weniger einprägsam, aber besser geprüft, um solche negativen Effekte auszuschließen.

Weniger schön waren die Umstände, die zweimal entscheidende Karriereschritte für mich ausgelöst haben. Zweimal verstarben angesehene Führungspersönlichkeiten bei der KWU, deren Aufgaben ich dann übernahm. In beiden Fällen waren es mutige Entscheidungen meiner Vorgesetzten, die meine Beförderung auszusprechen hatten. Ich hatte als promovierter Jurist zwar auch noch ein zweites Studium als Diplom-Volkswirt abgeschlossen. Aber ich war mit meinen zugegebenermaßen damals noch dürftigen kaufmännischen praktischen Kenntnissen nicht unbedingt prädestiniert für solche anspruchsvollen Jobs, die völlig neue Aufgaben im kaufmännischen Bereich mit sich brachten. Beide Vorgänge zeigten, wie wenig ein beruflicher Aufstieg von gezielter Planung, sondern vielmehr von Zufällen abhängig sein kann. Von »Glück« mag man bei solchen traurigen Ereignissen nicht sprechen. Mir hat diese unvorhersehbare Entwicklung geholfen, aus einer Sackgasse herauszufinden, in die ich durch mein längeres Verbleiben in der Rechtsabteilung geraten war.

Das Verhältnis zwischen Kaufleuten und Technikern war keineswegs immer spannungsfrei. Die Techniker taten sich schwer zu akzeptieren, dass ihre kreativen Vorschläge nur dann verwirklicht werden konnten, wenn der Kunde bereit war, dafür sein Portemonnaie zu öffnen, worauf die kaufmännische Zunft im Rahmen der Projektkontrolle nicht müde wurde hinzuweisen. Es hieß damals etwas spöttisch: »Es lieben sich von alters her der Kaufmann und der Ingenieur.« Meine Erfahrung war allerdings, dass die analytischen Denkungsweisen von Technikern und Juristen durchaus vereinbar sind. Die Techniker konnten gut zuhören und ordentlich begründete Vorschläge auch nachvollziehen. Ich erhielt jedenfalls zweimal im Abstand von zehn Jahren mit Unterstützung der Ingenieure, die keine Vorbehalte gegenüber mir als Juristen hatten, eine tolle Chance und habe dann nach Kräften versucht, sie zu nutzen.

Natürlich gibt es auf dem Weg nach oben nicht nur Zufälle, sondern auch Dinge, die man beeinflussen kann. Dazu gehört zum Beispiel der Umgang mit Mitarbeitern, Kollegen, Vorgesetzten, dem Betriebsrat und, manche mögen sich jetzt wundern, nicht zuletzt mit der Sekretärin des Chefs.

Sekretärinnen, heute aufgrund ihres gestiegenen Verantwortungsbereichs gerne Assistentinnen genannt, haben auf ihre Chefs einen erheblichen Einfluss. Dieser kann für einen jungen Mitarbeiter karrierefördernd oder -bremsend sein. Das beginnt damit, dass eine wohlgesinnte Dame einen gewünschten Termin beim Chef arrangieren wird und, wenn sie will, auch für länger als zehn Minuten. Und sie lässt bei Gelegenheit zusätzlich beim Chef ein gutes Wort fallen in dem Tenor: »Frau X / Herr Y macht aber einen kompetenten und aufgeschlossenen Eindruck.« Sie kann natürlich auch das genaue Gegenteil bewirken und als Verwalterin des Terminkalenders des Chefs ein gewünschtes Treffen hinauszögern, abkürzen oder im schlimmsten Fall gar nicht ermöglichen, wobei Letzteres sicher die Ausnahme ist. Denn eine totale Abschottung würde nicht unbemerkt bleiben und dann auch auf den Chef zurückfallen.

Mitarbeiter sind also gut beraten, die Sekretärin des Vorgesetzten freundlich zu behandeln und sich zum Beispiel an ihren Geburtstag zu erinnern. Besucher, die während der Wartezeit im Sekretariat ohne zu fragen eine Pfeife anzünden, ein lautes Telefongespräch führen oder nach der vielleicht nicht ganz so erfreulich verlaufenen Zusammenkunft mit dem Chef das Vorzimmer grußlos verlassen und die Tür hinter sich zuschlagen, kommen auf die »Merkliste«. Umgekehrt freuen sich Sekretärinnen darüber, ein Dankeschön zu hören. Wenn der Ton aus Opportunismus »überfreundlich« ist, merken sie das freilich auch und bewerten den Betreffenden entsprechend.

Ist man dann endlich beim Chef gelandet, empfiehlt es sich, nicht mit allzu vielen Fragen aufzutreten, sondern eher mit Lösungen. Auch die Bitte um einen Ratschlag kommt gut an: »Können Sie mir einen Rat geben, wie ich mich in dieser oder jener Situation verhalten soll?« Das erhöht die Bedeutung des Chefs und gibt ihm außerdem Spielraum bei der Beantwortung von Fragen, bei denen er nicht immer gleich eine Lösung parat hat. Und ganz wichtig: Dem Chef hin und wieder ein kluges Papier hinlegen, kurz und präzise, sonst wird es nicht gelesen, mit dem er selbst bei günstiger Gelegenheit an höherer Stelle glänzen kann, auch wenn man dann selbst nicht direkt die Lorbeeren ernten wird. Man sollte auch nicht in den Fehler verfallen, beim nächsten Anlass im Kollegenkreis zu prahlen und auf der Urheberschaft der guten Gedanken zu bestehen, mit denen sich der Chef profilieren konnte. Die Rückzündung könnte gefährlich werden. In den meisten Fällen kommen der Dank und die Anerkennung der Vorgesetzten doch irgendwann zurück. Wenn nicht, sollte man nicht zögern, möglichst schnell den Job zu wechseln.

Mit den Kolleginnen und Kollegen in einen Wettstreit um die Gunst des Chefs zu treten und dabei womöglich, vielleicht noch für jedermann sichtbar, die Ellenbogen auszufahren oder gar Intrigen anzuzetteln, hat sich langfristig noch nie ausgezahlt. Es bleibt nicht unbemerkt, und schnell ist man entsprechend abgestempelt und wird fortan gemieden. Andererseits ist es nicht zu empfehlen, sich um den Rang des beliebtesten Mitarbeiters zu bewerben und jedermanns Liebling werden zu wollen. Doch es gilt auch zu vermeiden, andere vor den Kopf zu stoßen und sich unbedacht persönliche Feinde zu machen. Man trifft sich auch im Laufe eines Berufslebens nicht nur einmal.

Man bricht sich außerdem keinen Zacken aus der Krone, wenn man akzeptiert, dass andere Kolleginnen und Kollegen einmal die besseren Ideen haben. Auf den Zug aufzuspringen und mitzumachen, ist allemal besser, als zu schmollen und zum Außenseiter zu werden. Rechthaberei bringt nichts. Michael Kohlhaas hat kein gutes Ende genommen.

Die Königsdisziplin ist allerdings der Umgang mit dem Vorstand. Wer so weit arriviert ist, dass er mit einer eigenen Vorlage in der Vorstandssitzung erscheinen darf, muss auf verschiedene Eventualitäten vorbereitet sein. Es kann alles glattgehen, und der Vorschlag wird durchgewunken. Das wird vor allem der Fall sein,

wenn man so klug war, wenigstens den eigenen im Entscheider-
kreis anwesenden Vorgesetzten vorzuwarnen, besonders wenn man
ein neues, möglicherweise noch umstrittenes Thema in der Sitzung vorträgt.

Das Meeting kann aber auch höchst kontrovers verlaufen, weil
sich die Damen und Herren des Vorstands nicht einig sind oder
sich sogar zerstreiten. Dann ist es besser, nicht Partei zu ergreifen
und sich nicht in lebhaft werdende Auseinandersetzungen einzu-
mischen. Und auch nicht zu viel mit den Gesichtsmuskeln zu
zucken, was als Beifall oder als Ablehnung der einen oder anderen
Meinungsäußerung aufgefasst werden könnte. Bei einer falschen
Reaktion kann man schnell zum Blitzableiter für ein plötzliches
wieder »einiges« Gremium werden.

Sollten alle Vorschläge zerredet sein, dann kann es große
Erleichterung bei allen Beteiligten auslösen und vielleicht sogar
Anerkennung oder Dank einbringen, wenn man mit einem intel-
ligenten Kompromissvorschlag aufwartet, den man vorbereitet,
aber bis dahin zurückgehalten hat. Wobei in solchen Gremien die
Devise gilt: Nicht getadelt zu werden, ist genug des Lobes! Auch
die Ehefrau oder Partnerin können nach der Heimkehr am Abend
ein guter Adressat für die Schilderung der in der Vorstandssitzung
vollbrachten Heldentat sein, wobei man es mit dem Stolz auf die
eigene Leistung nicht übertreiben sollte, weil man selbst an dieser
wohlvertrauten Stelle bei übertriebenem Selbstlob Störgefühle auslösen könnte.

Nicht immer werden die Sitzungen für den Vortragenden mit
einem erfreulichen Ergebnis enden. Davon kann ich auch ein Lied
singen. Besonders unangenehm wurde es einmal für mich – ich

stand gerade am Anfang meiner Vorstandskarriere – und meine
Kollegen von der Technik kurz nach der »Wende«, als wir im
Zentralvorstand (ZV), dem obersten Entscheidungsgremium von
Siemens, unsere erste Firmenübernahme in den neuen Bundes-
ländern präsentieren durften. Es ging um eine Fabrik, die Isola-
toren für Stromleitungen produzierte.

Der ZV hatte seine Strategie bezüglich solcher Akquisitionen
in der ehemaligen DDR noch nicht abschließend definiert, und
da kamen wir mit einem Fall, der, nüchtern betrachtet, nicht gut
überlegt war, weil wir die zusätzliche Kapazität angesichts unseres
eigenen nicht voll ausgelasteten Werks gar nicht brauchen konnten. Als der ZV seine Ablehnung formulierte, wurde ich aus Sicht
der mächtigen Männer widerborstig und reagierte ziemlich belei-
digt. Was mir am nächsten Tag eine deutliche Rüge meines damaligen Chefs eintrug, der selbst Mitglied des ZV war und bei unserem Vortrag auch keine gute Figur abgegeben hatte.

Zu retten war da nichts mehr. Am besten war es, Einsicht zu
zeigen, dass der Investitionsantrag nicht zu Ende gedacht war, und
den Vorsatz zu fassen, beim nächsten Mal gründlicher vorbereitet
zu sein. Die Chance dazu kam zum Glück schnell. Wir präsen-
tierten wenig später in gleicher Besetzung den Erwerb des Turbi-
nenwerks im sächsischen Görlitz mit überzeugenden Argumenten.
Der ZV war einverstanden, die Scharte ausgewetzt. Görlitz bril-
liert heute, dreißig Jahre später, als Technologiezentrum für Indus-
trieturbinen im neu formierten, von der Siemens AG abgespalte-
nen Unternehmen Siemens Energy. Die Lehre aus dem Vorgang
war, man kann auch einmal einen Fehler machen, dann muss man
aber wieder aufstehen, schnell daraus lernen und die Sache beim

nächsten Mal besser machen. In unserem Fall hat das prächtig geklappt.

Wenn ich einige Jahre später selbst Vorstandssitzungen zu leiten hatte und kontroverse Themen anstanden, war es immer wichtig, auch nach einer hitzigen Diskussion möglichst keine Sieger und Besiegte zurückzulassen. Denn das schafft auf Dauer Ärger und Verdruss. Es ist nicht auszuschließen, dass verletzte Egos, die gibt es in diesem Topkreis ja auch, beim nächsten Mal umso störrischer reagieren und eine neue Niederlage als persönliche Kränkung empfinden würden, ein Umstand, der ihren Widerspruchsgeist deutlich steigern und das Klima beeinträchtigen würde.

Um das zu vermeiden, empfiehlt es sich, möglichst wenige Abstimmungen vorzunehmen, wenn das Ergebnis ohnehin klar ist, und die Meinungsbildung in ein paar Sätzen zusammenzufassen, ohne auf einem förmlichen Votum zu bestehen. Solange man als Vorsitzender Herr über das Protokoll ist, weil man es als Erster zur Genehmigung vorgelegt bekommt, und bei der Durchsicht für klare, für alle verbindliche Ergebnisse in schriftlicher Form sorgen kann, trifft ein solches Vorgehen in der Regel auf allgemeine und erleichterte Zustimmung. Offensichtliche Verlierer gibt es dann nicht, weil niemand förmlich überstimmt wird.

Auch für einen Vorstand gilt, wie häufig für Politiker, dass die Notwendigkeit zu entscheiden weiter reicht als die Möglichkeit zu erkennen. Ein Vorstand bekommt Vorlagen von meist gut qualifizierten Mitarbeitern. Er informiert sich in Sitzungen, in Gesprächen mit seinen Mitarbeitern und Kollegen, er verfolgt die Nachrichten in der Presse und ist heute auch häufig im Internet präsent.

Dennoch kommt es nicht selten vor, dass zum Zeitpunkt, an dem eine Entscheidung getroffen werden muss, nicht alle notwendigen Informationen für ein fundiertes Urteil vorliegen, oder dass dem Entscheider wesentliche Vorgänge einfach entgangen sind. Die Gründe dafür können vielfältig sein. Es kann entweder daran liegen, dass ihm »seine Umgebung« keine schlechten Nachrichten zumuten will oder dass er solche auch nicht hören mag und um sich Leute geschart hat, die sich das Leben durch ständiges Lob ihrer dafür empfänglichen Chefs leichter machen. Ganz allgemein gilt, man kann nur selten so dick auftragen, dass der andere peinlich berührt ist.

Ob es richtig ist, einem Gremium vorzuwerfen, dass es dazu neigt, Beschlussfassungen zu verschieben, und ihm deshalb Entscheidungsschwäche zu unterstellen, hängt sehr von der Situation ab. Bei Siemens hieß es in alten Zeiten einmal, natürlich im Scherz: »Wie entscheidet eine Führungskraft?« Antwort: »Schnell, präzise – und falsch!« Mein Chef hielt hingegen nichts von überschnellen Reaktionen und pflegte den Vergleich mit dem Pflücken von Äpfeln vom Baum: »Wenn der Apfel reif ist, fällt er in die Hand, du musst ihn dann nicht abreißen!« Heute brüstet sich der ein oder andere damit, Entscheidungen aus dem Bauch heraus zu treffen. Das ist das Gegenteil von rational und wird die Trefferquote kaum erhöhen. Außerdem wird eine solche Praxis dem (leider) stark gestiegenen Haftungsrisiko kaum gerecht.

Einige, die offenbar schnelle Entscheidungen geliebt haben, pflegten ihre Geschwindigkeit damit zu rechtfertigen, dass sie in 80 Prozent der Fälle richtiglägen und das sei eine gute und ausreichende Trefferquote. Wie brandgefährlich ein solches Verhalten sein konnte, war am Beispiel des schwedisch-schweizerischen Gemeinschaftsunternehmen ABB zu sehen. ABB war einst einer der schärfsten Wettbewerber von Siemens und schaffte es nach seiner Gründung, seinen Aktienkurs innerhalb kurzer Zeit zu verfünffachen, während der Kurs von Siemens dahindümpelte. Aus vertraulichen Vorstandssitzungen des Unternehmens sickerte durch – oder wurde vielleicht absichtlich gestreut –, dass man auf Aktivitäten von Siemens manchmal geradezu belustigt herabschaue.

Dann kam es zu zwei folgenschweren Entscheidungen, die nicht der 80-Prozent-Quote zuzuordnen waren. Eine betraf die überhastete Akquisition eines großen Unternehmens in den USA ohne ausreichende vorherige Prüfung. Ein gravierendes Problem mit Asbestgeschädigten war übersehen worden und führte im Land der beliebten Class Actions, der von interessierten Anwälten geförderten Sammelklagen von Betroffenen, zu ruinösen Schadenersatzforderungen. Die andere, ebenfalls ein teurer Fehlgriff, verursachte existenzbedrohende Schwierigkeiten, weil eine neue Reihe von Gasturbinen ohne ausreichende technische Absicherung vorschnell ausgeliefert wurde, und diese beim Kunden nicht die vertraglich zugesicherte Leistung erreichten. Auch hier waren hohe Schadenersatzforderungen und obendrein aufwendige Nachbesserungsarbeiten die Konsequenz. Der darauffolgende Niedergang des Unternehmens konnte von einer schnell wechselnden Generation von Führungskräften bis heute nicht aufgehalten werden.

Spitzenjobs bringen Einsamkeit mit sich, manchmal darüber hinaus auch die allzu stark ausgeprägte Überzeugung, ohnehin alles besser zu wissen. Von dem Glauben an die eigene Unfehlbarkeit ist man dann nicht mehr weit entfernt. Und die Ehefrau, die am hoffentlich wenigstens teilweise »freien Wochenende« Feedback geben könnte, will meistens auch keine Stimmungskillerin sein.

Die Herrscher im Mittelalter haben sich einen Hofnarren gehalten, der keineswegs nur ein »Narr« war, sondern auch unangenehme Wahrheiten aussprechen konnte und sollte, ohne gleich einen Kopf kürzer gemacht zu werden. Heute wird nicht selten ein hoch bezahlter Coach von außerhalb des Unternehmens engagiert, der als Sparringspartner dient. Aber auch dieser muss vermeiden, zum bloßen Echo seines Auftraggebers zu werden, weil dieser doch lieber Bestätigung als Einwände vernimmt, wobei der Gedanke an die Höhe des Honorars den Widerspruchsgeist des Beraters ohnehin dämpft.

Mir persönlich hat es viel geholfen, dass ich mein Wochenende zu Hause in Erlangen verbringen konnte, dem größten Standort von unterschiedlichsten Aktivitäten des Unternehmens. Am Samstag einen Gang über den Marktplatz, später zur Sportveranstaltung der Kinder und die eigene sportliche Bestätigung mit alten, bewährten Freunden brachten Informationen von der Basis, die andere nicht hatten. »Weißt du eigentlich, was in deinem Unternehmen vor sich geht?«, lauteten die direkten und unverblümten Ansprachen.

Manche Geschichten waren natürlich stark übertrieben oder gelegentlich auch frei erfunden. Die Hinweise und Beschwerden musste man richtig einordnen. Viele spiegelten aber doch wider, was die Basis dachte. Topmanager sind häufig vom wirklichen Leben und Geschehen im Unternehmen isoliert. Es muss, wie gesagt, nicht immer stimmen, was einem häufig unaufgefordert erzählt wird. Aber manchmal ist es einfach gut, das Gefühl von Selbstgefälligkeit und Selbstsicherheit zu zerstören, das sich vor allem in großen Organisationen breitmacht, und Unruhe zu schaffen und dabei vielleicht auch nur den Eindruck zu erwecken, dass man mehr weiß als die anderen. Der Pressechef hatte mir einmal beigebracht, dass auch Flurparolen, die im Unternehmen häufig aus einem Gefühl der Unsicherheit entstehen, Antworten erfordern können, auch wenn man nicht jedem Gerücht nachgehen sollte.

Meine Vorstandskollegen mussten jedenfalls in der Routinesitzung am Montag meine Geschichten vom Wochenende über sich ergehen lassen, manchmal amüsiert, aber manchmal auch beunruhigt, weil die Vorgänge ihren Zuständigkeitsbereich betrafen und sie nichts davon wussten. Denn unvermittelt kamen von der Basis Botschaften, die über den »Apparat« nicht zu ihnen gelangt waren. Namen der Informanten haben sie von mir allerdings nie erfahren.

In unseren Diskussionen blieben wir damals beim förmlichen »Sie«. Und zwar auch dann, wenn man sich privat duzte, was zum Beispiel bei mir mit einigen Kollegen der Fall war, die ich vom gemeinsamen Sport her kannte. Das war nicht immer einfach durchzuhalten, aber notwendig, um nicht eine »Zweiklassengesellschaft« von vertrauten und weniger vertrauten Kollegen im Vorstand zu schaffen. Mit steigendem amerikanischem Einfluss wurde dieses Vorgehen später obsolet. Mit Kollegen in die USA zu fahren und sich dort landesüblich zu duzen, nach der Landung in Deutschland aber wieder zum »Sie« überzugehen, wurde immer

fragwürdiger. Mancherorts ist zu beobachten, dass das kamerad-
schaftliche »Du« auch in das Verhältnis von Vorstand zu Aufsichtsrat überschwappt. Da stellt sich doch schon stärker die Frage, ob
in solchen Fällen nicht die notwendige kritische Distanz verloren
gehen kann.

Ein delikates Thema ist, wie der Vorstand, insbesondere der
Vorstandsvorsitzende, mit der Planung seiner Nachfolge umgeht.
Es hat keinen großen Sinn, den Rückzug vom Amt zu einem in
der Ferne liegenden Zeitpunkt vorzeitig anzukündigen. Man wird
dann schnell zur »lame duck«, also nur noch beschränkt hand-
lungsfähig, und schafft im Unternehmen für die unvermeidbare
Interimsperiode eher Unsicherheit als Klarheit. Andererseits
kommt es immer wieder vor, dass erfolgreiche Manager den richtigen Moment für ihren Abschied verpassen. Sie haben bewusst
oder unbewusst keine Vorsorge für ihre Nachfolge getroffen und
vielleicht auch darauf spekuliert, dass einem zuvor wenig aktiven
Aufsichtsrat nichts anderes übrig bleibt, als dem Mann an der
Spitze eine Verlängerung seines Vertrags anzubieten.

Wir hatten bei Siemens einen anderen Weg gewählt. Ich hatte
schon einige Jahre vor meinem möglichen Ausscheiden – 64 Jahre
war das reguläre Pensionsalter – einen sogenannten Zehnerkreis
zusammengerufen. Er bestand aus hochtalentierten jüngeren
Managern, die später nach dem gegenwärtigen Vorstand die Spitze
des Unternehmens bilden sollten. Unter meiner Leitung außerhalb
der etablierten Organisation bearbeiteten sie wichtige Themen für
die Zukunft des Unternehmens, beispielsweise ein neues Konzept
für die Unternehmensplanung oder auch die Frage, wie es Unternehmen gelingen kann, sich über lange Zeiträume erfolgreich zu

behaupten (»build to last«), welche Werte neben der selbstverständ-
lichen Absicht, Gewinne zu erzielen, dabei eine Rolle spielen, wie
man die gewonnenen Erkenntnisse auf Siemens übertragen konnte
sowie eine Reihe anderer Grundsatzfragen. Die Teilnehmer konnten sich mit ihren Ideen und Vorträgen für höhere Aufgaben empfehlen. Aber sie sollten auch zu einem Team zusammenwachsen.
Das heißt, ihre Fähigkeit zur Kooperation ließ sich bei der Diskussion der anspruchsvollen Themen ebenfalls gut beobachten.
Ein durchaus angestrebter Nebeneffekt bestand darin, dass von
diesem motivierten Kreis Anregungen und Vorschläge vorgelegt
wurden, die eine eher an der Bewahrung des Herkömmlichen
orientierte Organisation nicht einzubringen vermochte.

Die Auswahl der Mitglieder dieser Gruppe war gelungen.
Einer der Teilnehmer wurde später vom Aufsichtsrat zu meinem
Nach-Nachfolger berufen, ein anderer avancierte zum Vorstandsvorsitzenden von ThyssenKrupp, und ein Dritter ging nach Nor-
wegen zurück, als Chef eines großen dortigen Unternehmens.
Auch andere machten eine gute Karriere. Leider wurde die weitere
Förderung dieser Gruppe exzellenter Spitzenmanager – eine Frau
war auch darunter – durch die Korruptionsaffäre bei Siemens jäh
unterbrochen.

Ein Kapitel für sich ist der Umgang mit dem Betriebsrat.
Betriebsräte nehmen in den Unternehmen eine wichtige Aufgabe
wahr. Sie sind das Sprachrohr der Belegschaft. Aus der gesetzlich
verankerten Mitbestimmung folgen Rechte zur Mitwirkung, aber
auch Pflichten zur angemessenen Wahrnehmung der Interessen
des Unternehmens. Vertrauensvolle Zusammenarbeit zum Wohle
der Arbeitnehmer und des Betriebs, so steht es im Betriebsverfas-

sungsgesetz. Man wird als Firmenleitung mit ihnen nicht immer einer Meinung sein können. Aber konstruktive Zusammenarbeit hilft allen Beteiligten, dem Unternehmen und den Mitarbeiterinnen und Mitarbeitern. Leider habe ich auch ideologisch vorgeprägte Räte vorgefunden. Mit ihnen war eine vernünftige Zusammenarbeit schwierig. Aber sie waren die Ausnahme.

Einmal ging ich in München zu einer sehr gut besuchten Betriebsversammlung einer Einheit, bei der sich vorher noch keiner meiner Vorgänger hatte blicken lassen. Ich wollte wie üblich eine nicht allzu lange Eingangsrede halten, eine, die zumindest ich nicht als lang empfunden hätte, mit anschließender Fragerunde, damit möglichst viele Teilnehmer zu Wort kommen konnten. Auf dem Weg durch das Gebäude wurde ich mit großen Spruchbändern an den Wänden konfrontiert, auf denen zur Einstimmung auf die Veranstaltung mein angebliches Jahresgehalt zu lesen war, das sich übrigens in einer deutlich niedrigeren Größenordnung bewegte, als das heute mit Billigung von Betriebsrat und Gewerkschaft bei den Spitzenjobs der Fall ist. Mit dieser »Begrüßung« sollte gleich zu Anfang die Stimmung aufgeheizt werden.

Als ich den Raum betrat, erwartete mich kein Rednerpult, wie es verabredet und auch andernorts üblich war, sondern ein Stehtisch für ein Zwiegespräch. Der für seine klare Sprache oder besser für seine Aggressivität bekannte örtliche Betriebsratsvorsitzende hatte beschlossen, mich vor der versammelten Belegschaft vorzuführen. Ich bestand darauf, nicht mit einem Verhör zu beginnen, sondern erst meine Botschaft vorzutragen und dann zu diskutieren. Wohl oder übel musste mein Gegenüber einlenken. Die

Lage entspannte sich, und wir kamen im weiteren Verlauf ganz gut miteinander aus.

Als ich die Heimfahrt antrat, waren die Spruchbänder abgenommen. Das Tragische an dieser Veranstaltung war, dass sie unter dem Motto stand: »Arbeit ohne Ende«. Der Betriebsrat beklagte sich bitter darüber, dass die Arbeitsbelastung ein unerträgliches Maß erreicht hätte. Ob die Mitarbeiterinnen und Mitarbeiter, die von Überstunden finanziell profitierten, wirklich alle so dachten, blieb ungeklärt. Ich wusste aus Erfahrung, dass gerne auch länger gearbeitet wurde, wenn es dafür entsprechend mehr Geld gab, zumindest solange die Mehrarbeit in einem vernünftigen Rahmen blieb.

Nur wenige Wochen später krachte die New Economy zusammen und damit auch der Boom bei der Nachrichtentechnik und bei verwandten Disziplinen. Aus dem jährlichen Auftragseingang von 12 Milliarden wurden buchstäblich über Nacht 8 Milliarden, und aus der »Arbeit ohne Ende«, die der Betriebsrat zum Motto seiner kritischen Veranstaltung gemacht hatte, wurde ein »Ende der Arbeit«, leider für viel zu viele. Die zuvor nachdrücklich erhobene Forderung nach Neueinstellungen hatten wir glücklicherweise abgewehrt.

Doch eine solche Konfrontation war die Ausnahme. Betriebsrätinnen und Betriebsräte wollen wie alle Menschen ernst genommen und nicht von oben herab behandelt werden und natürlich vor ihren Wählern gut dastehen. Von meinem früheren Chef konnte man lernen, wie das geht. Wenn er zum Beispiel zu einer Sitzung in ein Werk fuhr, was er häufig und gerne tat, dann reiste er immer etwas früher an und machte, bevor er zu der geplanten

Besprechung mit seinen Kollegen ging, einen kurzen Abstecher ins Büro der Betriebsräte. Ein lockeres und informelles Gespräch bei einer Tasse Kaffee, bei dem es ihm gelang, dass es nie »bemüht« oder gar »aufgesetzt« wirkte, sorgte für eine freundliche Atmosphäre im Unternehmen, von der alle profitierten.

Als die Gewerkschaft im Zuge eines der zum Glück seltenen Arbeitskämpfe zu einem flächendeckenden Streik aufrief, wurde in dem betreffenden Werk auch gestreikt: in der Mittagspause mit ein paar roten Fahnen und einem kurzen Rundgang um die Werkshalle. Auch die Betriebsräte hatten nicht riskieren wollen, dass durch die verzögerte Auslieferung von wichtigen Komponenten den Kunden beim Betrieb ihrer Anlagen Schäden entstehen könnten. Oder sie wollten auch nur einfach ihr gutes Verhältnis zur Firmenleitung demonstrieren. Die Belegschaft machte dabei bereitwillig mit.

Mir persönlich hat es immer Freude bereitet, mit Betriebsräten zu sprechen, ihre Sorgen und Vorschläge anzuhören und dabei, ich gebe es gerne zu, auch etwas zu lernen. Denn Betriebsräte kennen konkrete Geschäftsabläufe häufig besser als die obersten Führungskräfte. Ein besonderes Erlebnis waren meine eher heimlichen Treffen im Hinterzimmer eines Münchner Wirtshauses mit der sogenannten Verhandlungsdelegation des Betriebsrats nicht etwa zu einer Verhandlungsrunde über Betriebsvereinbarungen oder Ähnliches, sondern zum abendlichen Schafkopf, dem beliebtesten Kartenspiel Bayerns. Und dabei traf ich auf gute Kartenspieler.

Dennoch habe ich als nur weniger geübter Schafkopfspieler nur selten den Kartentisch als Verlierer verlassen und einen kleinen Geldbetrag verloren, wobei unsere Einsätze ohnehin niedrig waren. Denn gegen Ende unserer Runde wurden, manchmal vielleicht auch von dem ein oder anderen Bier begünstigt, von den Mitspielern waghalsige Soli aufgerufen, bei denen der Mut zum Solo und die Gewinnchancen in einem umgekehrten Verhältnis zueinander standen. Ich war da eher zurückhaltend. Vorher hatten wir bei einer Brotzeitpause – der Betriebsrat bezahlte die bescheidene Zeche aus seinem von der Firma zur Verfügung gestellten Spesenetat – das eine oder andere bis dahin nur schwer lösbare Thema informell auf einen guten Weg gebracht.

Der Betriebsratsvorsitzende und stellvertretende Aufsichtsratsvorsitzende, ein besonders guter Schafkopfspieler, war übrigens der, der unser Programm »TOP« zur Neuorientierung des Unternehmens gleich zu seinem Start plakativ kommentierte. »Ohne TOP wären wir tot!«, schallte es von dem einflussreichen Mann in das Unternehmen hinein. Er unterschied sich dabei wohltuend von Spitzenmanagern des Unternehmens, die dieses am Ende sehr erfolgreiche Programm aus welchen Gründen auch immer öffentlich als blanken Aktionismus bezeichneten. Gebracht hat TOP übrigens über mehrere Jahre Produktionsgewinne von bis zu 10 Prozent, einen nie da gewesenen Innovationsschub – denn die Beschleunigung von Innovationen war ein wesentlicher Teil der Aktion – sowie den Aufbruch nach Asien-Pazifik und, mit gewaltigen Investitionen, auch in die USA. Die Unterstützung durch den Betriebsrat war dabei außerordentlich wertvoll, ohne sie wären diese Ergebnisse nicht möglich gewesen. Aber der Betriebsrat hatte verstanden, dass es bei »TOP« auch um den Erhalt von Arbeitsplätzen ging und nicht nur um die Steigerung des Gewinns zugunsten der Aktionäre.

Ich war übrigens ein Freund sogenannter unternehmerischer Initiativen, mit denen man die Mitarbeiterinnen und Mitarbeiter für bestimmte wichtige Themen mobilisieren konnte, wie das bei »TOP« gelungen ist. Programme durften nur nie auf bloße Maßnahmen zur Kostenreduzierung oder gar zum Abbau von Arbeitsplätzen hinauslaufen. Es mussten positive Ziele gesetzt werden wie Innovation, Wachstum, Abbau von Bürokratie. Wenn der Vorstand und die Führungskräfte dabei mit voller Überzeugung und vollem Einsatz mitmachten, konnte man viel bewegen. Um das zu erreichen, war einige Überzeugungsarbeit auch an der Basis notwendig. Immer wieder unverdrossen über einen längeren Zeitraum hinweg bei jeder sich bietenden Gelegenheit dieselbe möglichst einfache Botschaft zu verkünden, um eine umfassende Mobilisierung des Unternehmens zu erzielen, kann schon nervtötend sein. Aber nur so geht es!

Nicht alles lief freilich mit Gewerkschaft und Betriebsrat zu allen Zeiten immer rund. In einer Zeit, in der ideologische Auseinandersetzungen zwischen Arbeitgebern und Gewerkschaften noch eine ganz andere Dimension erreichten als heute – es liegt viele Jahre zurück –, soll eine Firmenleitung sich so furchtbar über Gewerkschaft und Betriebsräte geärgert haben, dass sie sich eine eigene Pseudo-Arbeitnehmer-Vertretung heranzüchten wollte.

Dieser Einfall stellte sich als schlimmer Fehler heraus, weil er einen unguten Beigeschmack hatte und rechtlich anfechtbar war. Pikanterweise wurde der Vorgang Jahre später gerade solchen zum Verhängnis, die mit der Gründung und Betreuung der »Organisation« nichts zu tun hatten, sondern die Angelegenheit nur »geerbt« und bereits Maßnahmen zu seiner Einstellung eingeleitet hatten und die aufgrund ihrer anerkannten unternehmerischen Leistung und sozialen Einstellung bei allen Arbeitnehmern, und nicht nur bei diesen, über ein hohes Ansehen verfügten. Die etablierte Gewerkschaft hätte über ihren Schatten springen und den Bedrängten zu Hilfe kommen können, tat es aber nicht.

Mit meinen eigenen Bemühungen, mit der obersten Ebene der Gewerkschaft ein konstruktives Gespräch zu eröffnen – sie hatten mit dem eben geschilderten Vorgang nichts zu tun –, habe ich übrigens Schiffbruch erlitten. Es kam zwar auf meinen Wunsch hin ein Treffen unter vier Augen mit dem obersten, neu gewählten Gewerkschaftsführer zustande, es verlief aber von seiner Seite ziemlich distanziert. Eine Basis für gegenseitiges Vertrauen, die bei allen unterschiedlichen Ansichten wichtig sein kann, habe ich nicht herstellen können.

Kurz danach fand die bei den Teilnehmern sehr beliebte jährliche Vollkonferenz der Betriebsräte des Unternehmens mit der üblichen Zahl von rund 800 Frauen und Männern in Berlin statt. Der von mir umworbene Gewerkschaftsführer startete in meinem Beisein in seiner Rede eine ziemlich rüde Attacke auf die Firmenleitung und damit auch auf mich persönlich. Meiner Erinnerung nach fiel der Beifall auf meine Replik etwas stärker aus als der auf den nicht übermäßig qualifizierten Angriff zuvor.

Auf der allgemein zugänglichen Liste der Gewerkschaft mit einer Rangfolge der mitbestimmungsfreundlichsten Unternehmen landete Siemens auf einem der hinteren Plätze, was das im Allgemeinen gute und vertrauensvolle Verhältnis zum Betriebsrat keineswegs angemessen widerspiegelte. Aber Betrachtungsweisen von Gewerkschaften und Betriebsräten, auch wenn Letztere in der

Regel einen Mitgliedsausweis der Gewerkschaft besitzen, sind keineswegs immer deckungsgleich.

Neben den Versammlungen der Belegschaft, bei denen der Betriebsrat Hausherr und Einladender war, gab es auch die Treffen der leitenden Angestellten mit der Firmenleitung, veranstaltet vom Sprecherausschuss des Unternehmens. Wenn 300 bis 400 Vertreter des oberen Managements erwartungsfroh und durchaus kritisch im Vortragssaal Platz genommen hatten, war es eine bewährte Tradition, dass die anstehenden Fragen vorher vom Vorsitzenden des Sprecherausschusses gesammelt wurden. Die Anwesenden mussten dann keine Standardrede des Firmenchefs über sich ergehen lassen, die sie vielleicht gelangweilt hätte, sondern es ging gleich zur Sache. Die anstehenden Botschaften des Vorstands in den Antworten unterzubringen, gehörte zu den leichteren Übungen.

Zum Schluss der Veranstaltung war als Ergänzung noch eine spontane Fragerunde angesagt. Aber da kamen die »Leitenden« – viele von ihnen waren frühere Kollegen und mir aus gemeinsamer Arbeit gut bekannt – nicht so gerne aus der Deckung. Manche wollten sich vor dem großen Kreis einfach nicht mit Fragen wichtigtun. Andere hatten Hemmungen, weil sie mit einem Beitrag vielleicht danebenliegen und sich vor den Kollegen blamieren könnten. Der Leiter der Versammlung hatte deshalb auf mein Bitten hin schon vorher die ersten Themen an diskussionserprobte Kollegen verteilt. Deren Wortmeldungen haben dann das Eis gebrochen und für einen lebhaften Abschluss des Treffens gesorgt.

An der Loyalität des Kreises, insbesondere auch des Vorsitzenden des Sprecherausschusses, musste man nie Zweifel hegen. Es schien mir immer sehr wichtig, dass gerade diese herausgehobenen

Führungskräfte, die mit ihrer Erfahrung und ihrem Einsatz maßgeblich zum Erfolg beitrugen, gerne und mit Stolz für das Unternehmen und seinen Vorsitzenden arbeiteten. Aber sie sollten auch spüren, dass Loyalität keine Einbahnstraße war und umgekehrt auch für die Firmenleitung galt.

Diese grundsätzlich positive Feststellung bedeutet nicht, dass sich das Verhalten des Führungspersonals im täglichen Umgang immer so gestaltete, dass man damit ausnahmslos zufrieden hätte sein können.

Manche neigen mitunter dazu, ihre vermeintliche Führungsstärke gegenüber Mitarbeiterinnen und Mitarbeitern dadurch unter Beweis zu stellen, dass sie besonders heftig oder grob auftreten. Man kann in einer gehobenen Position nicht immer harte Entscheidungen vermeiden. Aber aus purer Lust oder auch nur aus Gedankenlosigkeit anderen Menschen wehzutun, ist erbärmlich. Argumente, die nicht ganz so gut sind, mit übertriebener Lautstärke vorzutragen oder gar zu brüllen, erhöht in keiner Weise die Akzeptanz. Und gerade unangenehme, einschneidende Entscheidungen dürfen nicht nur einfach »verkündet«, sondern müssen gut begründet werden.

Die Beurteilung von Führungskräften und damit die Entscheidung über deren Aufstiegschancen erfolgte deshalb folgerichtig nicht nur nach Fachkenntnissen und Effektivität, sondern bewertet wurde auch die soziale Kompetenz, die sich im entsprechenden Verhalten widerspiegelte – hoffentlich auch im täglichen Umgang –, möchte man nach langer Praxiserfahrung hinzufügen!

Die Mitarbeiterinnen und Mitarbeiter beobachten stets genau, ob es in der Kommunikation nach innen und außen Differenzen gibt. Botschaften, die an die Kapitalmärkte gerichtet sind, dürfen nicht anders lauten als die, die an die Belegschaft adressiert werden. Wenn zum Beispiel auf einer Betriebsversammlung dargestellt wird, dass aufgrund eines schlecht laufenden Geschäfts ein markanter Stellenabbau unvermeidlich ist, darf die Abteilung für Investors Relations nicht, womöglich noch zeitgleich, an den Finanzmärkten zur Pflege des Aktienkurses signalisieren, dass das Unternehmen seine finanziellen Ziele nicht infrage stellt oder für die Zukunft gar anhebt. Der Weg aus Analystenberichten zu Journalisten und über die folgende öffentliche Berichterstattung ins Unternehmen hinein ist gewöhnlich nicht sehr weit.

Es klingt einfach, aber es hat im Unternehmen durchaus Mühe gemacht, die Kommunikation nach innen und außen an einer Stelle zusammenzufassen und damit Widersprüche im Auftritt zu vermeiden. Es ging dabei in diesem Bereich auch um die Auflösung althergebrachter Zuständigkeiten und den Abbau von Bürokratie, über den viele gerne reden, aber dabei häufig die anderen und nicht sich selbst meinen.

Mich hat einmal sehr gestört, wie distanziert sich Mitarbeiterinnen und Mitarbeiter an einem großen Standort zueinander verhielten. Der Gedanke an die Identität stiftende »Siemens-Familie«, der das Unternehmen mehr als ein Jahrhundert geprägt hat, ist ohnehin verblasst. Aber ein etwas stärkerer Gemeinschaftssinn beziehungsweise normale Höflichkeit sollten aufrechterhalten werden. Da habe ich veranlasst, dass in der Mitarbeiterzeitung der Hinweis gedruckt wurde, wenn man im Hochhaus im Aufzug auf Kolleginnen und Kollegen trifft, wäre es angebracht, einmal höflich »Grüß Gott «, es war an einem Standort in Bayern, oder von mir aus auch »Guten Tag« zu sagen, wenn das leichter fällt. Ob der Hinweis befolgt wurde, hat natürlich niemand überprüft.

Man muss also in einem Unternehmen nicht unbedingt in der Ebene der Geschäftsführung oder des Vorstands landen. Dazu gehören Weichenstellungen, die man nicht immer beeinflussen kann, und ganz einfach auch viel Glück. Ein erfülltes Berufsleben kann auch anders aussehen. Wichtig ist aber, dass man mit einer gehörigen Portion Neugier, mit der ständigen Bereitschaft, sein Wissen zu erweitern, und nicht zuletzt mit Freude seine Tätigkeit ausübt und nicht ständig von dem Gedanken geplagt wird, woanders könnte es besser sein und man würde etwas verpassen. Angesichts der Geschwindigkeit, mit der sich heute Veränderungen vollziehen – Speed ist ein wesentliches Merkmal der Globalisierung –, kann sich dabei manchmal das Gefühl einstellen, ausgebrannt zu sein. Persönlich hätte ich es auch als unbefriedigend empfunden, Langeweile verspüren zu müssen. Aber eine solche war nicht zu befürchten. Die Zahl der Themen war unbegrenzt. Leider im Gegensatz zu den physischen und intellektuellen Möglichkeiten.

DAS NEUE BÜRO

In einem Unternehmen kann man auf der Karriereleiter durch die Übernahme einer neuen Abteilung in einer anderen Organisationseinheit nach oben steigen. Aber es ist auch möglich, dass man in der bisherigen Abteilung an Kollegen vorbei den Chefposten übernimmt. Wie die Reaktionen auf die Beförderung im Umfeld ausfallen, hat man nicht voll in der Hand, aber man kann sie durch kluges Verhalten beeinflussen.

Sicher keine besonders gute Idee ist es, mit einem ersten Schritt dadurch aufzufallen, dass man sich sofort teure, neue Büromöbel bestellt. Manchmal war es schwierig, einen Kollegen davon zu überzeugen, dass der Vorgänger auch am alten Schreibtisch gute Arbeit geleistet hatte und dass man sich mit der Neuausstattung Zeit lassen oder ganz darauf verzichten sollte. Ich habe einmal für mein nur gelegentlich auch von Gästen besuchtes Zweitbüro in Erlangen gut erhaltene Büromöbel vom Lager angefordert, in dem sich von anderen vorzeitig ausrangiertes Mobiliar befand. Das wurde vom Betriebsbüro als übertriebene Zurückhaltung ausgelegt. Aber die Möbel, die man mir dann aufgrund meines hartnäckigen Begehrens lieferte, waren absolut in Ordnung. Solche Vorgänge werden im Unternehmen genau beobachtet und überzogene Ansprüche können einem schnell den Start vermasseln.

Und wie verhält man sich bezüglich der Sekretärin des Vor-
gängers? Übernimmt man sie, oder sucht man sich eine neue
Kraft? Ersteres hat zumindest große Vorteile, weil die bisherige
Sekretärin alle Vorgänge aus dem Effeff kennt. Sie kann meistens
auch gut einschätzen, wer im neu aufzubauenden Beziehungsfeld
wichtig ist und wer vielleicht nur nervt. Ein eigenes Urteil ersetzt
das nicht, aber es kann bei der Einarbeitung in neue Aufgaben
sehr hilfreich sein, solche Erfahrungen zu nutzen.

Der Umgang mit bisherigen Kollegen, die jetzt vielleicht an
den neuen Chef Berichte und Vorlagen abfassen oder Vorschläge
und Anweisungen entgegennehmen müssen, also von einem bisher
Gleichrangigen geführt werden, kann auch eine heikle Angelegenheit sein. Insbesondere wenn es sich um ältere Mitarbeiter handelt,
die gerne aufgestiegen wären, aber auf der Strecke geblieben sind
und einen neuen Chef akzeptieren müssen, der bisher ihnen
gleichgestellt war. Einzelne Mitarbeiterinnen und Mitarbeiter oder
gar ganze Mannschaften auszutauschen und durch »Gefolgsleute«
zu ersetzen, ist meist auch keine Lösung, weil dann wertvolle
Erfahrungen verloren gehen.

Ich hatte einmal einen Mitarbeiter, der sehr gebildet und in
kaufmännischen Dingen auch äußerst erfahren war. Er hat seinen
eigenen Weg gefunden, mit der neuen Situation, die ihn mir
gegenüber berichtspflichtig machte, zurechtzukommen. Er
beschäftigte eine besonders intelligente und eloquente Assistentin.
Wenn er ausprobieren wollte, wie ich als sein früherer Kollege und
nunmehr Vorgesetzter auf einen Vorschlag reagieren würde,
schickte er die Dame zu mir, die mir die neuen Ideen meist gut
begründet vortrug. Wir sind auf dieser Basis prächtig miteinander

ausgekommen, und ich habe viele Vorschläge, die mir auf diese elegante Weise präsentiert wurden, übernommen und umgesetzt, manche aber auch nicht. In beiden Fällen ging es ohne große Aufregung weiter. Unser durch gegenseitigen Respekt geprägtes Verhältnis wurde nie beschädigt.

Ich habe diesen Mitarbeiter auch deshalb besonders geschätzt, weil er die im komplexen Kraftwerksgeschäft notwendige Kontrollfunktion gegenüber den Kollegen aus der Technik, deren Kostenbewusstsein nicht immer voll ausgeprägt war, umsichtig und konsequent wahrnahm. In diesem Kreis war er aufgrund seiner Hartnäckigkeit nicht überall beliebt, aber man schätzte seine Fachkenntnisse. Er hat eine ganze Generation von Kaufleuten miterzogen und damit dazu beigetragen, dass der große technische Erfolg des Kraftwerksgeschäfts auch ein beeindruckender wirtschaftlicher Erfolg wurde. So beeindruckend, dass der Siemens AG später nichts anderes übrig blieb, als die hundertprozentige Tochtergesellschaft KWU aktienrechtlich einzugliedern, weil man die vielen dort gebildeten stillen Reserven über in der Öffentlichkeit sichtbare, ungewöhnlich hohe Dividendenzahlungen nicht mehr, ohne Aufsehen zu erregen, auf die »Mutter« hätte übertragen können. Die finanzielle Unterstützung aus dem Kraftwerksgeschäft wurde aber dringend zur Abdeckung der kostspieligen Entwicklungsprojekte von Siemens in anderen Bereichen benötigt.

Wie zurückhaltendes Auftreten aussah, konnte man damals von unserem gemeinsamen obersten Chef, einem besonders einfühlsamen Mann, lernen. Ich sprach ihn einmal darauf an, dass er einen schönen, neuen Dienstwagen auf dem Parkplatz vor dem Büro stehen hatte. Er war etwas verblüfft, dass ich das bemerkt hatte, und sagte dann, eigentlich bestelle er immer denselben Wagentyp und dieselbe Farbe. Man müsse nicht unnötig Aufmerksamkeit dadurch erregen, dass man das größte und jeweils neueste Auto fahre. Er war ein kluger und bescheidener Mann, für den eher die Leistung als die Statussymbole zählten.

ALS CHEF NUR IN DER ZWEITEN REIHE?

Das habe ich schon in meinen ersten Tagen im Unternehmen gelernt, es sozusagen mit der Muttermilch eingesogen: Es wird fast immer teuer, wenn der Vorstand, also der Chef, in Vertragsverhandlungen geschickt wird. Wohlgemerkt, es ging bei uns darum, dass wir komplexe Anlagen verkaufen wollten.

Ein Vorstand kommt ganz schnell in Zugzwang. Er kann in den Verhandlungen an kritischen Stellen nicht einfach Nein sagen, wenn er mit unannehmbaren Forderungen konfrontiert wird. Denn dann sind die Verhandlungen gescheitert, und der Auftrag ist weg. Wenn ein in der Hierarchie weiter unten stehender Mitarbeiter des Unternehmens Kundenbegehren ablehnt und erklärt, er müsse erst nachfragen, über solche Konditionen könne er nicht verhandeln, geschweige denn sie akzeptieren, dann wird ihm das meistens abgenommen, und die Verhandlungen gehen weiter.

Die Big Shots, die großen Macher, hören solche Empfehlungen zur Zurückhaltung nicht immer gern, weil sie das Rampenlicht lieben. Aber Entscheidungsträger dürfen nicht beschädigt werden und sollten deshalb erst im allerletzten Moment in die Schlussverhandlung miteinbezogen werden, wenn es um das große Ganze geht, zum Beispiel um den letzten Preis. Erfahrene Unterhändler versuchen, diese letzte Runde so vorzubereiten, dass für beide Seiten unerwartete Wendungen ausbleiben.

Ich habe natürlich auch erlebt, dass sich solche gut gemeinten Ratschläge nicht immer umsetzen lassen, und ich musste auch manchmal selbst in die Bütt gehen. So zum Beispiel beim Milliardenprojekt des Transrapids in China, der vom Flughafen Schanghai über dreißig Kilometer in den Stadtbezirk Pudong fahren sollte.

Die Chinesen wussten, dass ich jedes Jahr nach Silvester kurz vor dem chinesischen Neujahr ins Land kommen würde. Ich war in diesen Tagen, während anderswo noch das Ende der Pfefferkuchenzeit gefeiert wird, regelmäßig einer der wenigen ausländischen Besucher in Peking. Darum standen mir überall, auch bei den höchsten Stellen, die Türen offen, und ich konnte Termine vereinbaren, was heute wohl in dieser Form angesichts des kräftig gestiegenen Selbstbewusstseins der Chinesen zumindest bei solchen Routinebesuchen nicht mehr möglich wäre.

Die Chinesen haben die Sache beim Transrapid dann so gespielt, dass ich plötzlich, ohne es zu wollen, mich mittendrin befand, als in der Schlussrunde über den Preis zu verhandeln war.

Zuerst lud mich der chinesische Projektleiter, Mr. Wu, zum Gespräch in Schanghai ein. Unsere Leute rieten mir mit guten Gründen davon ab, mit ihm zu reden. Das sei überhaupt nicht meine Ebene. Auf den richtigen Level würde man gerade bei den Chinesen in solchen Situationen besonders achten.

Im Prinzip war das richtig. In einem Land wie China, sicher aber auch in anderen Ländern, muss man aufpassen, dass man von

der anderen Seite, auch wenn einem selbst Prestigedenken fremd
ist und man sich nur an der Sache orientieren will, nicht unter
Wert behandelt wird. Das kann nämlich zu einem Gesichtsverlust
führen und dazu, dass man zu den eigentlichen Entscheidern nicht
mehr vordringt.

Wie man vorgeht, wenn man auf der »falschen Ebene« doch
zu einer Verhandlung gebeten wird, erfordert viel Fingerspitzen-
gefühl. Eine Einladung einfach abzulehnen, kann schnell als Arro-
ganz ausgelegt werden. Man wird sich damit obendrein Feinde
schaffen, die im Hintergrund, ohne öffentlich aufzutreten, bei der
Vorbereitung der Entscheidung eine wichtige Rolle spielen und zu
Heckenschützen werden, weil sie sich übergangen fühlen. Anders-
herum kann die Aufwertung eines im Rang nicht adäquaten
Gesprächspartners einen zunächst nicht erkennbaren Vorteil bringen. Man trifft sich eben im Leben häufig zweimal – und das gilt
auch für China. Das Dickicht chinesischer Hierarchien ist für
Außenstehende ohnehin schwer zu durchdringen.

Ich habe in Schanghai alle Warnungen in den Wind geschla-
gen und mich mit Kommandeur Wu, wie er in China ganz unüblich genannt wurde, zum Gespräch verabredet. Er machte seinem
Beinamen alle Ehre. Seinen laut und heftig vorgetragenen Tiraden
konnte der Übersetzer kaum folgen. Ich brauchte im Einzelnen
auch gar nicht zuzuhören, denn der Inhalt war klar: Er wollte, wie
zu erwarten, einen exorbitanten Preisnachlass. Mir war bewusst,
dass ich während meines Aufenthalts in China noch bei höheren
Instanzen anzutreten hatte und mein Pulver keineswegs frühzeitig
verschießen durfte. Also behandelte ich Kommandeur Wu höflich, machte ihm ein kleines preisliches Zugeständnis, was ihn

keineswegs zufriedenstellte, aber zumindest auch nicht brüskierte, mir aber alle Möglichkeiten offenließ.

Schon ein paar Stunden später wurde ich zum Oberbürgermeister von Schanghai gebeten, einem glühenden Verfechter des Transrapids und einem sehr einflussreichen Mann mit glänzenden Verbindungen zur Regierung in Peking. Aber es war abzusehen, dass das Projekt noch auf einer höheren Ebene landen würde, beim Ministerpräsidenten Zhu Rongji, ebenfalls ein Bewunderer der Magnetschwebetechnik. Bei ihm hatte ich am nächsten Tag einen Termin in Peking, wie immer ohne konkrete Tagesordnung.

Der Oberbürgermeister redete energisch auf mich ein und wollte natürlich ebenfalls ein erhebliches finanzielles Entgegenkommen. Auch da war es wichtig, ihm keinen Gesichtsverlust zuzufügen, eine gewisse Beweglichkeit zu zeigen, aber selbst bei all den heftigen Attacken, denn solche waren es, nicht die Nerven zu verlieren.

Die ganze Angelegenheit war übrigens auch deshalb delikat, weil Siemens gar nicht Konsortialführer war, sondern sich diese Rolle mit dem Partner ThyssenKrupp teilte und ich also bei allem, was ich mir an Zugeständnissen abhandeln ließ, Gefahr lief, von ThyssenKrupp am Ende im Regen stehen gelassen zu werden. Oder mit anderen Worten, dass jeder unabgestimmte Preisnachlass im Innenverhältnis des Konsortiums von Siemens allein zu schultern war.

Am nächsten Tag kam dann der absolute Höhepunkt, das Treffen mit Zhu Rongje. Diesmal gab es ausschließlich ein Thema, den Transrapid, und da ging es nur um den Preis. Wir waren einige 100 Millionen DM auseinander. Ich konnte aufgrund der Kostensituation des Konsortiums keine Zugeständnisse machen, um diese Differenz so zu überbrücken, dass sie für Zhu Rongji akzeptabel gewesen wäre. Wir wollten bei diesem anspruchsvollen Projekt uns nicht von vornherein mit roten Zahlen belasten. Zhu Rongji schickte mich dann auch prompt zurück nach Deutschland und sagte, ich solle mit Bundeskanzler Gerhard Schröder über einen Zuschuss der deutschen Regierung verhandeln und dann wiederkommen. Schließlich ginge es um ein interessantes Entwicklungsprojekt auch für einen späteren Einsatz des Transrapids in Deutschland, »first of it's kind« sozusagen. Deshalb sei es so teuer, und Deutschland sollte sich an den Entwicklungskosten beteiligen.

Eine Woche später war ich wieder in Peking mit einem an sich respektablen Zuschuss von 100 Millionen DM, den der Bundeskanzler mir ins Gepäck mitgegeben hatte. Schröder sagte mir später einmal, als ich den Wunsch nach 200 Millionen DM geäußert hatte, habe er gewusst, dass ich auch mit 100 Millionen DM zufrieden sein würde. Aber dem war nicht so. Dieser Betrag reichte bei Weitem nicht aus. Wenn wir auf die höheren chinesischen Forderungen eingegangen wären, hätten wir trotz dieser erheblichen Förderung des Projekts aus Berlin einen Riesenverlust erlitten.

Es ging in der Diskussion beim Ministerpräsidenten dann hin und her. Ich wollte nicht mit einem Verlustauftrag in der Tasche zurückkehren, für den der Vorstandsvorsitzende verantwortlich gewesen wäre, zudem weil nicht abgestimmt mit der Thyssen-Krupp AG im Nacken, die zu Recht keine Veranlassung gesehen hätte, den Verlust mit uns zu teilen. Doch ich wollte auch den

Auftrag nicht verlieren. Hätte ich aber ein zweites Mal unverrichteter Dinge das Büro von Zhu Rongji verlassen, hätte es wahrscheinlich kein Zurück gegeben, und ein drittes Treffen wäre kaum mehr möglich gewesen.

Da hatte ich einen spontanen Einfall: Ich stand auf, stellte mich vor den chinesischen Ministerpräsidenten und stülpte meine leeren Hosentaschen vor ihm aus. Zhu Rongji sah mich erstaunt an. Er musste zu mir aufschauen, weil ich mich ganz eng vor ihm hingestellt hatte. Es herrschte Totenstille im Raum. Plötzlich rief der Oberbürgermeister von Schanghai, der auch anwesend war, aus dem Hintergrund: Wo ist der Fotograf? Alle lachten erleichtert auf, der Ministerpräsident steckte mir die Hand entgegen, und der Deal war perfekt.

Ob ich ein solches Vorgehen zur Nachahmung empfehlen würde? Besser nicht. Zum einen nicht, weil sich dieser Vorgang in China natürlich herumgesprochen hat und heute noch so manchen präsent ist. Und zum anderen: Ich bin ein großes Risiko eingegangen. Zhu Rongji hätte auch sagen können: »Setz dich wieder hin und lass die Kaspereien. So kannst du mit mir nicht umspringen.« Und was wäre dann gewesen?

Welches Fazit kann man daraus ziehen? Erstens, dass in Ländern, wo die oberste politische Führung über die Vergabe von Aufträgen entscheidet, der Vorstandsvorsitzende oder der höchste Repräsentant des Unternehmens gezwungen sein kann, zur letzten Runde der Verhandlungen anzutreten. Und zweitens, dass in verfahrenen Situationen manchmal unkonventionelle Einfälle weiterhelfen. Auch wo es wirklich um viel Geld und um ganz große Projekte geht, hat man es am Ende mit Menschen zu tun. Persönliches Verhalten, gute Beziehungen und gegenseitiges Vertrauen spielen auch da eine wichtige Rolle.

Aber ich bleibe dabei: Man soll sich als oberster Entscheider nicht vordrängen und Verhandlungen ohne Not an sich ziehen. Das ist gefährlich, weil man schnell zur letzten Instanz wird, und das kann teure Konsequenzen mit sich bringen. Außerdem wertet man die Mitarbeiter, die die eigentliche Arbeit machen müssen und diese oft monatelang in voller Anspannung geleistet haben, schnell ab. Sie werden von der Gegenseite bei anderer Gelegenheit dann nicht mehr als verhandlungsfähig angesehen und können die Motivation verlieren.

Aber manchmal muss man eben doch in die erste Reihe. Mir ist ein solcher Fall auch in Malaysia passiert. Dort hatte sich einer der gut situierten Chinesen – sie spielen wirtschaftlich in dem Land eine wichtige Rolle – die Lizenz für den Bau von Kraftwerken mit Gasturbinen gesichert. Unser Verhandlungsführer in Malaysia, den ich aus früherer gemeinsamer Projektarbeit sehr gut kannte, rief mich in meinem Winterurlaub in den Bergen an und sagte, ich solle in drei Tagen zu einer Art Schlussbesprechung nach Kuala Lumpur kommen. Er könne nicht garantieren, dass wir, wenn ich käme, den Auftrag – es handelte sich um zwei Kraftwerke – bekommen würden, aber wenn ich nicht erschiene, würden wir ihn auf jeden Fall verlieren.

Ich erklärte meiner Frau und den Kindern, sie müssten ohne mich weiter skifahren, was begreiflicherweise keine große Begeisterung auslöste, und flog nach Kuala Lumpur. Dort ging ich ohne jede Begleitperson zum Kunden. Das Gespräch wurde sehr emotional. Ich erzählte, dass das Verhältnis zu einem Kunden im

Kraftwerksbau wie die Beziehung zwischen Eheleuten sei, nur ohne die Möglichkeit einer Scheidung. Ein Kraftwerk sei wie ein gemeinsames Kind, für das man sich ein Leben lang – gemeint war die Betriebszeit des Kraftwerks – verantwortlich fühle. Was ich im Übrigen durchaus ernst meinte.

Und dann sagte ich zu seiner Verblüffung, er müsse damit rechnen, dass ein Kraftwerksbau nicht immer glatt über die Bühne gehe, sondern dass es bei der Abwicklung eines derart anspruchsvollen Projekts selbstverständlich auch Probleme geben könne. Das wisse ich nur zu gut aus meinen langen Jahren im einschlägigen Geschäft. Da sah mich der Chinese erstaunt an, so etwas hatte er von jemandem, der einen großen Auftrag an Land ziehen wollte, noch nie gehört.

Ich fügte hinzu, ich sei vom Kraftwerksbau zwar mittlerweile ein Stück weit entfernt, aber hier habe er meine Telefonnummer. Das sei wie das berühmte Rote Telefon, und wenn es Schwierigkeiten geben sollte, was nicht auszuschließen sei, könne er mich jederzeit direkt anrufen. Ich würde mich dann um die Angelegenheit persönlich kümmern.

Das Rote Telefon kam später tatsächlich zum Einsatz, als ein Generator auf der Baustelle abbrannte und wir nach meiner Intervention und dem vollen Einsatz der Projektmannschaft drei Wochen später mithilfe einer Antonow, des russischen Riesenfliegers für Schwersttransporte, tatsächlich einen neuen Generator vor Ort hatten, und damit ein Projektverzug vermieden wurde. Mit diesem spektakulären und dem Kunden imponierenden Einsatz hatten wir den Grundstock für viele spätere Aufträge gelegt, nicht nur auf dem Kraftwerksgebiet.

Vierzehn Tage nach meinem Gespräch in Kuala Lumpur kam der berühmte Jack Welch von General Electric (GE) ebenfalls dorthin. Er bot dem Kunden an, er würde, welchen Preis auch immer Heinrich genannt hätte, das Kraftwerk für 50 Millionen Dollar billiger liefern. Die Antwort war: »Zu spät, Heinrich hat schon den Auftrag.«

Daraufhin sagte Jack Welch zu seinem Vizepräsidenten Paolo Fresco vor der versammelten Mannschaft, er war wie üblich mit großem Gefolge erschienen: »Why have I made you a Vicepresident. You ass, you lost the contract.« Dieser Vorfall wurde später sogar so in der Zeitung wiedergegeben und war dem Renommee von GE nicht gerade förderlich. Natürlich auch nicht dem des Vizepräsidenten, der einige Zeit später dennoch Chef von Fiat in Italien wurde.

Eine besondere Rolle kommt dem CEO auch zu, wenn es darum geht, ein gutes Klima zum Verhandlungspartner herzustellen. Klima zaubern, hat das einmal mein damaliger Chef genannt. Wie weit man mit einem freundlichen Auftritt kommen kann, habe ich in einem arabischen Land erlebt. Als ich ankam, befand sich der oberste Scheich im Aufbruch zur traditionellen Falkenjagd in ein zentraleuropäisches Land. Er wartete am Flughafen auf mich mit seinem startbereiten Flugzeug. Es folgte ein etwa einstündiges, sehr nettes Gespräch. Es ging um keinen konkreten Auftrag, sondern nur um die große Politik, natürlich auch um die Verhältnisse in Deutschland, den Bundeskanzler und andere allgemeine Themen.

Als ich mich nach einer Stunde verabschiedete, rief er, so wurde mir später berichtet, vor seinem Abflug noch seine Mannschaft zusammen und fragte, welchen Auftrag man denn diesem freundlichen Menschen geben könnte. Man antwortete ihm, im Augenblick stehe nicht viel an, aber demnächst sei über die Errichtung eines größeren Krankenhauses zu entscheiden. Wenig später erhielten wir den Auftrag zum Bau und zur Ausrüstung eines stattlichen Hospitals.

Meistens werden verabredete Termine von ausländischen hochgestellten Politikern fast auf die Minute genau eingehalten. Das gilt ganz besonders in China, wo wir uns auch selbst immer bemühten, trotz der chaotischen Verkehrslage besonders pünktlich zu erscheinen. Doch es gab auch Ausnahmen. Am schlimmsten war es in Zentralasien. Da konnte es schon vorkommen, dass man eine Stunde im Wartezimmer saß und wegen dieser respektlosen Behandlung zunehmend ärgerlich wurde. Bei einem solchen Verhalten fragt man sich, ob man sich das gefallen lassen soll oder den Termin platzen lässt. Ich habe lieber ausgeharrt. Ich hatte eine lange und beschwerliche Reise hinter mir und wie immer einige Wünsche im Gepäck. Wenn ich gegangen wäre, hätte ich nur mir und meinem Anliegen und damit dem Unternehmen geschadet. Auf eine spätere Entschuldigung hätte ich vergebens gewartet. In dem besagten Fall wurde ich übrigens vorgelassen, nachdem der amerikanische Botschafter endlich aus dem Präsidialbüro herausgekommen war.

Einmal wurde es mir aber doch zu bunt. Ich war in Innsbruck, genauer in Igls, in einem Hotel mit einem Staatspräsidenten eines zentralasiatischen Landes zu einem Treffen verabredet. Das Wetter war schlecht, der Anflug auf Innsbruck mehr als unruhig. Als ich pünktlich im Hotel erschien, empfing mich der »Adjutant«

und eröffnete mir, ich solle mich etwas gedulden, der Präsident würde von einem kurzen Gang ins Dorf gleich zurückkehren.

Aber dann passierte gefühlt stundenlang gar nichts. An den vorgesehenen Rückflug war auch wegen des sich rapide verschlechternden Wetters und der hereinbrechenden Dunkelheit nicht mehr zu denken. Ich hatte schon mehrfach nachgefragt, wann denn mit dem Erscheinen meines Gesprächspartners zu rechnen sei, und immer eine ausweichende Antwort bekommen. Da habe ich meinen Ärger nicht mehr unterdrückt und erklärte, ich müsste leider in fünfzehn Minuten abreisen.

Wenig später erschien der Herr Präsident bestens gelaunt und erzählte mir, er habe gerade das tolle Skirennen im Fernsehen angeschaut, und wieder habe ein Österreicher gewonnen. Ich habe meinen Ärger hinuntergeschluckt und mit ihm geredet, als sei nichts gewesen.

An solche Episoden musste ich immer denken, wenn mich wieder einmal ein neugieriger Journalist befragte, wie ich denn mit der mir als Vorstandsvorsitzendem verliehenen »Macht« umgehen würde. Da gibt es oft schon deutliche Grenzen.

Vor allem im Geschäft mit Großanlagen konnte man lernen, dass auch einem Unternehmensleiter Bescheidenheit, manchmal sogar Demut gut zu Gesicht stehen kann. Eine solche Haltung war zum Beispiel angebracht, wenn ein Kunde bei einem der großen Projekte nach einem Gespräch mit dem Firmenchef verlangte, weil Feuer unter dem Dach war.

Bei einem Termin mit einem Mobilfunkunternehmen passierte es dann, dass sozusagen zur Begrüßung von uns gelieferte Produkte auf dem Tisch aufgebaut waren, die untereinander nicht kompatibel waren, weil schon die Stecker nicht passten. Die Kritik war deutlich vernehmbar. Egal, ob die Vorwürfe berechtigt, zumindest teilweise etwas überzogen oder taktisch motiviert waren – man war gut beraten, erst einmal keine Erklärung dazu abzugeben, sondern Betroffenheit zu zeigen und Besserung zu versprechen. Auch wenn es den mitgereisten, für den Geschäftsfall direkt zuständigen Vorstandskollegen – immerhin ausgewiesene Fachleute – sichtlich schwerfiel, ruhig zu bleiben. Aber vorausahnend, was uns erwarten würde, hatte ich die Kollegen gebeten, die Führung des Gesprächs zunächst mir allein zu überlassen.

Die Erfahrung war, dass in solchen Fällen, sofern man keinen Widerspruch erhob, der Pulverdampf sich meistens nach dreißig bis vierzig Minuten verzog und sich eine kollegiale Atmosphäre einstellte, in der auch vernünftige Argumente ausgetauscht werden konnten. Wenn man geschickt war, selbst keinen Streit anzettelte und etwas Glück hatte, gab es beim anschließenden Mittagessen vielleicht sogar den ersten freundlichen Hinweis auf den nächsten Zusatzauftrag.

Für mich war das keine neue Situation. Bei den großen Energieversorgungsunternehmen hatte ich in meiner Anfangszeit bei Siemens Ähnliches erlebt. Wenn wieder einmal ein bedauerlicher Verzug bei der Übergabe eines Kraftwerks oder ein von uns verursachtes technisches Problem zu erklären war, gab es in den vom Bauherrn anberaumten Treffen zunächst begreiflicherweise heftige Reaktionen und tiefe, manchmal auch gespielte Verstimmung. Anschließend bei Messer und Gabel haben unsere Geschäftspartner unsere Argumente schon besser verstanden, und wir fuhren in der Regel mit einem akzeptablen Ergebnis nach Hause.

Wir hatten gelernt, dass Kunden geneigt sind zu vergessen, wie schnell man ein Projekt zu Ende geführt hat, und einen Verzug verzeihen, dass sie aber nicht vergessen, wenn die Anlage Mängel aufweist, die den Betrieb beeinträchtigen. Als Lehre folgte daraus, dass es sich empfahl, während der Abwicklung eines Projekts nicht über Kostenerhöhungen oder Kulanz bei Terminüberschreitungen zu verhandeln, sondern erst, wenn wir nach gelungener Inbetriebnahme mit Stolz und Befriedigung gemeinsam in schönen Reden auf ein gelungenes Werk blickten. Schließlich ließ sich gut damit argumentieren, dass wir als Lieferant durch die während der Bauzeit gestiegenen Aufwendungen einen nicht wiedergutzumachenden Verlust erlitten hatten, der Kunde aber dreißig oder noch mehr Jahre vom Betrieb einer zuverlässigen Anlage profitieren würde.

Heute ist ein solches Entgegenkommen, zum Beispiel der Erlass einer durch einen Verzug an sich verwirkten Vertragsstrafe, nicht mehr ohne Weiteres möglich, weil der Kunde befürchten muss, von Aktionären zur Rechenschaft gezogen zu werden, wenn er Schadenersatzansprüche nicht geltend macht.

MIT GEBREMSTEM SCHWUNG INS HOMEOFFICE

Ganz neue und umwälzende Anforderungen an die Organisation der Arbeit haben die durch Covid-19 ausgelöste Pandemie und die dadurch notwendige Distanzierung (»social distancing«) mit sich gebracht. Ein großer Teil der kognitiven, hoch qualifizierten Tätigkeiten, Untersuchungen zufolge mehr als 50 Prozent, wurden ins Homeoffice verlagert. Nach einer Untersuchung des Bundesarbeitsministeriums betraf das 15 Millionen Beschäftigte. Telefon- und Videokonferenzen haben Hochkonjunktur. Manuelle Tätigkeiten sind von dieser Entwicklung so gut wie nicht betroffen.

Es ist bequem, umweltfreundlich und spart ganz deutlich Kosten, wenn nicht mehr so viele Reisen stattfinden müssen und die Arbeit durch vermehrten Austausch von E-Mails und – hoffentlich gut vorbereitete – virtuelle Treffen am Bildschirm von zu Hause erledigt werden kann. Das größte deutsche Elektrounternehmen hat zum Beispiel erklärt, dass von seinem hohen Millionenbudget für Reisen 70 Prozent eingespart werden konnten, was sich auch sichtbar im Ergebnis niedergeschlagen hat. Und vom Platzhirsch unter den Versicherern hört man, im Wandel zum digitalen Unternehmen und durch die Förderung des Homeoffice würden in Zukunft 30 Prozent der Büroflächen überflüssig, mit erheblichem Einfluss auf die Ausgaben für Mieten. Der Vorstandsvorsitzende lässt sich zudem mit dem Satz zitieren: »Ich bin manchmal erheblich produktiver, wenn ich von zu Hause aus arbeite.«

Die Unternehmen haben es in kurzer Zeit geschafft, die technischen Voraussetzungen dafür zu schaffen, dass der überfallartig erfolgte Lockdown die Arbeitsabläufe nicht in einer gravierenden Weise beeinträchtigt oder gar unterbrochen hat. Eine Tendenz zum Ausbau des Homeoffice konnte man zwar schon seit einiger Zeit beobachten. Immer mehr Mitarbeiterinnen und Mitarbeiter genossen die sich verbreitende Flexibilität bei der Gestaltung der Arbeitszeit und der Aufteilung der Tätigkeit auf Büro und eigene vier Wände. Doch die rasant einsetzende Pandemie hat diese sich allmählich vollziehende Entwicklung zur Heimarbeit mit einem Schlag so sehr beschleunigt, dass eine virtuelle Welt der Zusammenarbeit entstehen konnte, und sie funktioniert schon nach kurzer Eingewöhnungszeit ziemlich gut.

Aber es mehren sich auch Zweifel, ob diese von vielen freudig begrüßte Veränderung nicht auf Dauer auch erhebliche Nachteile mit sich bringt. Durch den fehlenden direkten Kontakt mit Kollegen und Kolleginnen geht auch vieles verloren. Es fehlen die kurzen Wege zum zwanglosen Gedankenaustausch an der Kaffeemaschine und am Mittagstisch in der Kantine, manchmal geplant, häufig aber auch nur dem Zufall geschuldet.

Bei Telefon- oder Videokonferenzen bleibt die kreative Dynamik gut geführter Besprechungen in der Regel unerreichbar. Die Stilleren, die einen guten Beitrag zur Sache leisten könnten und auch mal gegen den Strom schwimmen wollen, leiden unter der schneidigen Eloquenz einiger weniger. Ihre Erfahrungen und ihre Fachkenntnisse werden nicht genutzt, obwohl diese für die Entscheidungsfindung sehr hilfreich sein könnten. Gesichtsausdruck, auch die Augen sprechen, Körpersprache ganz allgemein, Gesten, all das bleibt häufig unbemerkt, wenn man sich nicht gegenübersitzt. Und Nachfragen und direkte Antworten auf Beiträge sind selbst von bewährten Diskussionsleitern nur schwer zu managen, will man ein Durcheinander in den Diskussionen vermeiden.

Nicht zu unterschätzen ist außerdem, dass Frauen, die sich im Allgemeinen durch ein höflicheres und weniger aggressives Auftreten auszeichnen als ihre männlichen Kollegen, bei solchen Gelegenheiten eher zu kurz kommen, weil sie zögern, in die Diskussion einzugreifen.

Wir wissen schon längst, dass viele Tätigkeiten aufgrund der Vielfalt der Fragestellungen nicht mehr von einem Einzelnen bewältigt werden können, sondern von einem gut organisierten Team: »Nobody is perfect, but a team can be.« Kann aber ein Team, das auf ein kreatives Miteinander angewiesen ist, wirklich über Telko und Video zusammengeschweißt werden, ohne den direkten persönlichen Kontakt? Aus mehreren Fachleuten unterschiedlicher Disziplinen bestehende Projektleitungen von großen und komplexen Vorhaben leben vom täglichen und vor allem spontanen Austausch und von einer gewissen gegenseitigen Kontrolle, von Argumenten und Gegenargumenten. Kaum vorstellbar, dass sie ihre Arbeit von getrennten Schreibtischen aus über die Bildschirme effizient erledigen können.

Solange sich die Teilnehmer aus gemeinsamer Arbeit noch persönlich kennen und einzuschätzen wissen, können virtuelle Konferenzen funktionieren. Wenn sich der beteiligte Personenkreis über die Zeit in seiner Zusammensetzung aber verändert hat, wird es immer schwieriger werden, sich in virtuellen Konferenzen produktiv zu verständigen und dabei gute Ergebnisse zu erzielen. Ein Grundsatz, der für Meetings generell gilt, hat bei virtuellen Treffen zudem noch Bedeutung: Die Qualität von Meetings ist umgekehrt proportional zur Zahl der Teilnehmer, wie es schon der amerikanische Unternehmer und Bestsellerautor Mark McCormack so treffend in seinem Buch *Was Sie an der Harvard Business School nicht lernen* beschrieben hat.

Schon gibt es berechtigte Klagen, dass die Trennung von beruflichem und privatem Bereich aufgrund der durch die modernen Medien gegebenen totalen Erreichbarkeit immer schwieriger wird und dass Heimarbeit zur Vereinsamung führt, weil die sozialen Kontakte zu kurz kommen. Ich habe es erlebt, wie sich Mitarbeiterinnen und Mitarbeiter am Montagvormittag nicht gleich an die Schreibmaschine gesetzt oder in eine Akte vertieft haben – den Computer hochzufahren war damals nur in Ausnahmefällen angesagt –, sondern sich über Erlebnisse und Erfahrungen vom Wochenende ausgetauscht und gegenseitigen Rat gesucht haben. Unternehmen sind eben auch ein soziales Haus. Wohlgefühl und Zufriedenheit der Mitarbeiter und Mitarbeiterinnen sind ein Wert an sich und tragen erheblich zur Produktivität des Unternehmens bei, wenn man das rein betriebswirtschaftlich ausdrücken will.

Große Firmen haben angekündigt, dass sie in Zukunft einen ganz erheblichen Teil der Arbeit von zu Hause erledigen lassen wollen. Eine Rückkehr in die Vor-Corona-Zeit werde es nicht geben, weil die Chancen der neuen Arbeitswelt die Risiken überwiegen würden. Ein hybrides Modell aus Tätigkeit im Büro und im Homeoffice sei die Zukunft. Das kann für die Gebildeten und Besserverdienenden gelten, sollte man hinzufügen, doch nicht für den großen Teil der Beschäftigten, die zum Beispiel an der Werkbank oder im Außendienst arbeiten. Entsteht da nicht eine besondere Form einer Zweiklassengesellschaft?

Inwieweit diese Maßnahmen nur der augenblicklichen Situation geschuldet oder wirklich geeignet sind, die Organisation der Arbeit nachhaltig zu verändern, wird man sehen. Cluster wie im Silicon Valley, aber auch Biotech in Martinsried bei München, Medical Valley in Erlangen, die neue Start-up-Szene in Berlin, die zahlreichen Cluster auf verschiedenen Gebieten in Nordrhein-Westfalen, um nur einige Beispiele zu nennen, profitieren vom Netzwerk und vom lebendigen Austausch von Ideen, Wissen und Erfahrungen der Akteure. Im Silicon Valley konnte man zum Beispiel die Botschaft hören: »Die Leute müssen aufeinander hocken.« Auch direkt im Unternehmen wird die Kreativität durch persönliche Kontakte gefördert, formelle wie informelle. Ich hätte ein Unternehmen jedenfalls nicht von zu Hause aus führen wollen und auch nicht können. Mir hätte der tägliche persönliche Austausch mit Kollegen und Mitarbeitern gefehlt.

Dass das Geschäftsleben ohne E-Mails heute nicht mehr denkbar ist, braucht man nicht zu betonen. Aber im persönlichen Umgang sollte Face-Mail nicht zu kurz kommen. Und einen Mitarbeiter in einem persönlichen Gespräch ab und zu einmal zu fragen, wie es ihm geht, was die Familie macht, wie sein Wochenende oder der letzte Urlaub waren, schafft eine konstruktive und vertrauensvolle Atmosphäre, die am Ende allen zugutekommt. Empathie zeigen nennt man das heute. Das Ganze selbstverständlich unter klarer Trennung von Beruf und Privatleben.

Gute Leistung und besonderen Einsatz muss man dabei nicht immer mit Prämien belohnen. Manchmal reicht schon ein Einfaches »Danke, das haben Sie gut gemacht.« Noch Jahre später erinnern sich Mitarbeiterinnen und Mitarbeiter an kleine Gesten der Aufmerksamkeit. »Ich habe Sie am Flughafen in Bangkok getroffen«, erklärte mir kürzlich ein früherer Mitarbeiter bei einem zufälligen Treffen. »Sie haben sich im Trubel Zeit für ein kurzes Gespräch genommen und mich gefragt, was ich mache und wohin ich reise.« Der Vorfall lag fast zwanzig Jahre zurück.

Auch ich habe die Mitarbeiterinnen und Mitarbeiter selbstverständlich gerne über E-Mail angesprochen. So zum Beispiel zu Weihnachten und zum neuen Jahr. Und dabei immer versucht, die richtigen, einfühlsamen Worte zu finden, gut beraten von meinem erfahrenen Pressechef Eberhard Posner. Der richtige Ton war auch deshalb wichtig, weil nicht alle fast 500 000 Mitarbeiterinnen und Mitarbeiter christlichen Glaubens waren und Weihnachten feierten. Auch das neue Jahr wird zum Beispiel bei den Chinesen, aber auch anderswo nicht am 1. Januar begonnen.

Es wurden einige Zehntausend E-Mails verschickt, was damals noch nicht auf Knopfdruck funktionierte, sondern einige Stunden dauerte. Der Text war mit Posners Hilfe wohlformuliert. Es kamen viele freundliche Antworten mit besten Wünschen auch für mich und meine Familie zurück. Einmal erreichte mich auch eine sehr ernüchternde Frage: »Thank you very much for your good wishes.

But who are you?« Ich habe dann kurz geantwortet: »I am your CEO.« Durch eine solche Reaktion wird auch ein Vorstandsvorsitzender wieder geerdet.

Auf der Hauptversammlung von Siemens mit manchmal 10 000 Aktionären in der Münchner Olympiahalle mit ihrer unpersönlichen Atmosphäre war es nur schwer möglich, die Zuhörer zu Beifall oder gar zum Lachen zu bringen. Applaus gab es eigentlich nur, wenn wieder einmal eine Dividendenerhöhung angekündigt wurde. Und vielleicht auch noch, wenn wir davon sprachen, dass wir in großer Zahl Lehrlinge über den eigenen Bedarf hinaus ausbilden würden. Solche Botschaften gefielen auch den Aktionären. Aber an ein wirklich fröhliches Lachen im großen Rund kann ich mich nur einmal erinnern, und das war, als ich die Geschichte von der Mitarbeiterin oder dem Mitarbeiter erzählte, die ihren Vorstandsvorsitzenden nicht kannten.

DER ZERBROCHENE TENNISSCHLÄGER

Die beiden Topmanager aus der Energiebranche befanden sich zwar nicht direkt auf der Siegerstraße, hatten aber noch eine reelle Chance, das Match gegen meinen damaligen Chef, einen begeisterten Tennisspieler, und mich zu gewinnen. Wir waren aus Erlangen an einem schönen Sommernachmittag auf Einladung unseres wichtigen Kunden mit dem festen Vorsatz zu diesem Doppel angereist, lieber den nächsten Auftrag zu gefährden, als freiwillig den Sieg herzuschenken.

Da geschah das Malheur: Unser Gegner machte drei Doppelfehler hintereinander, verlor das Aufschlagspiel und in seinem darauffolgenden Wutanfall auch den Satz und das ganze Match. Sein wesentlich spielstärkerer Partner hatte nichts mehr retten können. Voll Zorn feuerte der hochgestellte Mann seinen Schläger mit vollem Schwung – hätte er nur vorher so kraftvoll aufgeschlagen! – gegen den Zaun und traf dabei unglücklicherweise einen Pfosten. Der Schläger zerbrach.

Mein Chef, der immer für einen Scherz oder eine süffisante Bemerkung gut war und sich dabei auch bei Kunden nicht zurückhielt, hob das schwer beschädigte Racket auf, brachte es mit zum obligatorischen Handshake ans Netz und zeigte lächelnd auf das aufgedruckte Firmenschild, das den teuren Kunststoffschläger, damals noch etwas Besonderes, schmückte. Es war das Firmenschild unseres wichtigsten Konkurrenten! Mit Geschenken kann man nicht vorsichtig genug sein. Manchmal endet Großzügigkeit in einer Peinlichkeit, vor allem wenn wie in diesem Fall der Gebrauch des Geschenks zu exzessiv ausfällt.

Der Nachmittag endete übrigens mit einem fröhlichen, exzellenten Abendessen, bei dem Sieg und Niederlage nach ein paar Gläsern Wein keine Rolle mehr spielten. Über den nächsten Auftrag wurde weder vor noch nach dem Spiel gesprochen, aber der Kunde bezahlte die Rechnung.

Geschenke und Einladungen sind im Wirtschaftsleben ein heikles Thema. Großzügige Einladungen zu Oper- oder Theaterbesuchen, zu einem Golfturnier, gar nach Wimbledon, ins Mekka der Tennisspieler, oder zum Pferderennen nach Ascot sind heute sehr problematisch, auch wenn wohl keiner mehr – oder gibt es doch Ausnahmen? – auf die Idee kommt, den Privatflieger zur Abholung des Gastes zu schicken.

Das Thema »geldwerter Vorteil« und die daraus sich ergebende Verpflichtung zur Versteuerung des Geschenks seitens des Empfängers sind ohne negative Konsequenzen rechtlich sauber zu bewältigen, indem eine pauschale Versteuerung beim freundlichen Gastgeber stattfindet. Das ist auch so Usus, um den Gast nicht bei seiner Steuererklärung womöglich wegen einer Vergesslichkeit in Verlegenheit zu bringen, und erfolgt in voller Übereinstimmung mit den Steuergesetzen. Aber die Grenzen zu Straftatbeständen wie Untreue, Bestechung und Bestechlichkeit sind fließend, und zwar für beide Parteien. Schließlich wird das Geld der Firma in einem solchen Fall für mehr oder weniger private Zwecke ausgegeben.

Geschäftspartner wollen durch üppige Einladungen in der Regel auch nicht in Verlegenheit gebracht werden. Früher war es durchaus gang und gäbe, zu Weihnachten eine Kiste mit einer besseren Weinsorte beim Kunden abzuliefern. Der ausgesandte Fahrer landete auch nach einigen Hundert Kilometern mit seiner Ladung zielsicher am ausgesuchten privaten Weinkeller. Davon sieht man heute besser ab. Es könnte nämlich vorkommen, dass die Kiste postwendend zurückgeschickt wird.

Vor allem ausländische Kunden haben es zu schätzen gewusst, wenn sie zu den Festspielen nach München, Salzburg oder Bayreuth kommen konnten. Auch solche Einladungen sind heute aus gutem Grund eher verpönt: Die anschließenden Abendessen fanden bei Veranstaltungen in München damals übrigens nicht in teuren Luxusrestaurants statt, sondern bevorzugt bei einem Weißbier mit Pfifferlingen und Semmelknödeln im »Spaten«, weil das »münchnerisch« und damit »bayerisch« war und obendrein ein schöner Blick auf den Max-Joseph-Platz und die Oper geboten wurde. Die Apfelkücherl mit Vanilleeis zum Nachtisch waren dann schon fast Luxus. Bei einem solchen Ambiente kam niemand auf den Gedanken, wir hätten aus Sparsamkeit auf den Besuch eines Drei-Sterne-Restaurants verzichtet. Aber es geriet auch niemand in Verlegenheit wegen des Genusses einer allzu üppigen Mahlzeit mit teuren Getränken.

Ein kleiner Exkurs: In anderen Ländern ist der Umgang mit diesem heiklen Thema nicht immer ganz so strikt. Ich frage mich zum Beispiel, ob unsere westlichen Nachbarn, ich meine die weit entfernten, die Regeln, die sie für andere aufstellen, auch selbst beachten. Man kann das subtil umgehen, zum Beispiel mit einer Einladung in ein bestimmtes Land zu einer Vortragsreise, die gut bezahlt wird, bei der dann wenige Vorträge zu halten sind, aber der touristische Teil, vielleicht sogar mit Familie, umso umfangreicher ausfällt.

Eine andere Möglichkeit, ein freundliches Entgegenkommen zu zeigen und dabei haarscharf an einer strafrechtlich relevanten Grenze entlang oder vielleicht auch darüber hinaus zu segeln, besteht darin, lukrative Jobs für befreundete Parteien und deren familiären Anhang, bevorzugt im Ausland, bereitzustellen und entsprechend großzügig auszugestalten. Aber auch auf diesem Gebiet werden die Grenzen mittlerweile offenbar enger gezogen.

Besonders heikel wird es, wenn ein betuchter Geschäftsmann, meist in einem fernen Land, plötzlich beim Abschiedsdinner ein Geschenk für die nicht mitgereiste Gattin aus der Tasche zieht und seinem Partner mit auf die Heimreise gibt. Schon nach der Landung bietet sich beim Zoll für den Heimkehrer die erste Gelegenheit, strafrechtlich aufzufallen, falls er »aus Versehen« den grünen Ausgang »anmeldefreie Waren« benutzt, statt den roten Ausgang zu passieren und sich dort vor den Zollbeamten zu erklären. Zu Hause angekommen, ist man gut beraten, die vielleicht wirklich prächtige und hoffentlich verzollte Gabe, auch wenn es schwerfällt, bei der richtigen Stelle im Unternehmen abzugeben.

Bei mir im Keller haben sich immer wieder Geschenke gestapelt, deren Wert durchaus zweifelhaft war. Sie sind nach einer gewissen Abkühlphase auf dem wohltätigen Weihnachtsbasar von der mit den Rotariern verbundenen »Inner Wheel« gelandet und sollen dort mitunter bei der Weihnachtsversteigerung einen schönen Preis für einen guten Zweck erzielt haben.

In den meisten Unternehmen werden heute die Compliance-Regeln ziemlich strikt gehandhabt, und ihre Einhaltung wird konsequent überwacht. Das Angebot an einschlägigen Seminaren, die sich mit den zu befolgenden Regeln befassen, boomt.

Falls es trotzdem zu neuen Verstößen kommen sollte, bewirken nachweisbare, professionelle Vorkehrungen, dass betroffene Unternehmen mit milden Strafen davonkommen würden. Ob als Reaktion auf erfolgte Vergehen und die teilweise beträchtlichen Strafen das Pendel vielleicht zu weit ausgeschlagen hat, lässt sich durchaus diskutieren. Wenn die üblichen Weihnachtsfeiern, weil sie »offiziell« abgesagt sind, von einer findigen Belegschaft durch Veranstaltungen zur Teambildung – oder besser zu Teambuilding, weil das noch schöner klingt – ersetzt werden, könnte man daran denken, das besagte Pendel wieder zur von allen akzeptierten, vernünftigen Mittelstellung zurückschwingen zu lassen.

EIN JA IST NOCH LANGE KEIN JA, EIN NEIN ABER VIELLEICHT DOCH

Sich auf chinesische Verhandlungspartner einzustellen, gehört zu den besonderen, aber auch zu den besonders interessanten Herausforderungen im internationalen Geschäft.

Nun ist es nicht meine Absicht, den Nationalcharakter der Chinesen zu analysieren und tiefgreifende interkulturelle Vergleiche anzustellen und daraus vielleicht auch noch Schlussfolgerungen zu ziehen. Es gibt genügend Darstellungen dazu. Zum Beispiel von Stefan Baron, der zusammen mit seiner Frau Guangyn Yin-Baron in dem 2018 erschienenen Buch *Die Chinesen* einen umfassenden und beeindruckenden Einblick in das Denken und Fühlen dieses Volkes gegeben hat. Die Barons haben sich auch gefragt, ob es angesichts der unterschiedlichsten Lebensumstände in dem riesigen Land mit 1,4 Milliarden Einwohnern einen solchen Nationalcharakter überhaupt geben kann.

Ich möchte anhand verschiedener Episoden einen kleinen Einblick geben, in welche ungewohnten Situationen ein Ausländer, speziell ein Deutscher, bei seinen Gesprächen und Verhandlungen im Reich der Mitte geraten kann. Aber gleich vorweg: Systematisch und grundsätzlich wie bei Stefan Baron und Guangyn Yin-Baron ist diese Darstellung sicherlich nicht.

Der direkte Austausch mit einem chinesischen Geschäftspartner leidet in der Regel schon unter den fehlenden Sprachkenntnissen. Das war auch meine erste Erfahrung Mitte der 1980er-Jahre, als wir mit einer großen aus Peking angereisten Delegation über den Bau von vier Kernkraftwerken verhandelten. Beim Abendessen saßen links und rechts von mir Chinesen und mir gegenüber ein deutscher Kollege, der ebenfalls von Chinesen flankiert war.

Aus Gründen der Höflichkeit unterhielten wir uns während des Essens über den Tisch natürlich nicht auf Deutsch. Aber mit den Chinesen konnten wir uns mangels Sprachkenntnisse auch nicht austauschen. Die beauftragten Dolmetscher waren hinter den beiden Verhandlungsführern platziert, weit von uns Sachbearbeitern entfernt. Das Ganze endete damit, dass wir uns ständig wechselseitig mit reichlich gefüllten Schnapsgläsern zuprosteten und auf »gute Zusammenarbeit«, »Gesundheit« und »Freundschaft« anstießen. Als Höhepunkt folgte ein Trinkspruch, der bei den Chinesen, wenn sie schon lange im Ausland auf Geschäftsreisen unterwegs gewesen waren, immer eine vielleicht auch vom Alkoholgenuss geförderte Rührseligkeit auslöste: »To your wife and to your children! «Und es versteht sich, es hieß immer »Ganbei«, und es wurde auf ex getrunken.

Heute sprechen zwar mehr Chinesen Englisch und, besonders wenn sie an Universitäten in Amerika ausgebildet wurden, sogar ein recht gutes und verständliches, aber eben nicht alle. Und sie lieben es, die anderen auf Englisch vortragen zu lassen und dann den Beitrag vom Übersetzer ein zweites Mal auf Chinesisch zu hören. Das gibt ihnen mehr Zeit zum Nachdenken und zum Reagieren, denn etwas Englisch verstehen mittlerweile viele, die jedoch nicht in einer fremden Sprache antworten wollen. Nicht alle Dolmetscher sind aber voll auf der Höhe, weil sie mit dem Gesprächsgegenstand und den Verhandlungen nicht ausreichend vertraut sind. Bei schwierigen Themen empfiehlt es sich darum, einen eigenen Übersetzer mitzubringen, der die Sache auch inhaltlich versteht. Schlechte Übersetzer können teure Missverständnisse aufkommen lassen. Bei den vielen heiklen Fragen, die man behandelt, sollte man einigermaßen sicher sein, dass eine Bemerkung so rüberkommt, wie sie gemeint ist.

Eigentlich weiß man nie, wie man bei Chinesen dran ist. Sie lachen gerne, aber das Lachen kann ein Zeichen von Fröhlichkeit, von kaschiertem Ärger oder von Verlegenheit sein. Möglicherweise drückt es aber auch aus, dass sie eine Bemerkung nicht verstanden haben. Sehr schwierig, wie die Situation im Einzelfall einzuschätzen ist.

Das berühmte Lächeln der Chinesen sei vor allem eine höfliche Maske, hinter der sie ihre Gefühle verbergen, schreiben die beiden genannten Autoren in ihrem Buch. Chinesen lernen schon in früher Kindheit, ihre Mimik und Gestik zu zügeln. Das Resultat dieser frühkindlichen Erziehung kann man bei den Erwachsenen immer wieder erleben. Im Gesicht eines Chinesen das zu lesen, was er gerade denkt, bleibt einem ausländischen Besucher so gut wie verschlossen.

Zudem pokern die Männer aus dem Reich der Mitte gerne – es sind wirklich fast immer Männer, die einem gegenübersitzen –, vor allem wenn es um den Preis geht. Der chinesische Botschafter, der sehr gut Deutsch sprach, hat mich, wenn wir uns trafen, immer statt mit »Guten Morgen« mit der Aussage begrüßt: »Ihre Preise sind zu hoch.« Und beim Abschied war es nicht anders. Statt eines »Auf Wiedersehen« wiederholte er den Hinweis, dass unsere Angebote zu teuer seien.

Von dieser in der chinesischen Kultur offenbar tief verankerten Vorgehensweise muss man sich aber nicht unbedingt beeindrucken lassen. Es ist gut, von vornherein einzukalkulieren, dass die Chinesen Meister darin sind, in einem gnadenlosen Wettbewerb alle Anbieter auf denselben Preis herunterzuhandeln und dann den Auftrag an den zu vergeben, den sie von vornherein ausgesucht haben, oder den Auftrag unter den heiß gelaufenen Konkurrenten zu teilen, wenn die Möglichkeit dazu besteht. Im letztgenannten Fall sicherten sie sich, wie ich selbst erfahren durfte, den Vorteil, das Risiko unter verschiedenen Lieferanten manchmal auch in verschiedenen Ländern zu streuen. Aber über einen möglichen Ausgleich für die aufgrund des reduzierten Auftragsvolumens fehlende Gemeinkostendeckung ließen sie erst gar keine Diskussion aufkommen. Und gerne wiesen sie auch darauf hin, jeder müsse in gewisser Weise eine Eintrittskarte in den riesigen Markt lösen, um sich Folgeaufträge zu sichern. Diese kamen dann häufig schon zustande – allerdings unter ähnlich rigiden Wettbewerbsbedingungen wie beim Eintritt in den Markt.

Ganz wichtig ist es, Vertrauen aufzubauen. Dabei spielt Guanxi, ein Netzwerk von persönlichen Beziehungen, eine große Rolle. Guanxi, das sind über lange Zeit gewachsene Kontakte einzelner Personen, die sich gegenseitig durch wechselseitige

Gefälligkeiten helfen, auch das ein fester Bestandteil der chinesischen Kultur. Für einen Ausländer ohne Sprachkenntnisse »Mitglied« eines solchen, oft weitgespannten Netzwerks zu werden, ist nur bei langjährigem Aufenthalt im Land und mit viel Einfühlungsvermögen möglich.

Schon eher ist es denkbar, nach einiger Zeit zum »Lao Pengyou«, zum alten Freund, zu avancieren und als solcher begrüßt zu werden. Aber man darf diese Geste nicht überbewerten. Sie ist sicher freundlich gemeint, mehr aber auch nicht.

Doch selbst wenn man sich dieses Status erfreut, sollte man es unbedingt vermeiden, dem chinesischen »Freund« bei der Begrüßung oder beim Abschied mit einem kameradschaftlich gemeinten Schlag auf die Schulter zu klopfen, wie in anderen Ländern im Geschäftsleben nicht ganz unüblich, sozusagen ihn »adeln« zu wollen. Ich habe erlebt, wie ein hochrangiger Chinese bei einer solchen Gelegenheit regelrecht zusammengezuckt ist. Körperliche Berührungen, noch dazu der etwas kräftigeren Art, mögen die Männer aus dem Reich der Mitte nicht. Und auch die Münchner Bussi-Bussi-Gesellschaft wird in China keine Erfolge verzeichnen.

Erschwerend kommt bei Verhandlungen hinzu, dass nicht immer transparent ist, wer auf der chinesischen Seite eigentlich das Sagen hat. Bei staatlichen Auftraggebern gibt es mehrere Instanzen. Meine Erfahrung war, dass die Personen, die verhandelten, Vorschläge machen durften. Entschieden wurde aber häufig politisch und auf einer ganz anderen Ebene. Bei Privatfirmen, und solche gibt es in China in zunehmendem Maße, ist das sicherlich anders. Dort hat am Ende der Chef das Sagen. Das ist meistens der Eigentümer. Wir haben nach einem verlorenen Großauftrag einmal einen »Berater« eingeschaltet, der für uns herausfinden sollte, woran unser überraschendes Scheitern gelegen hatte. Es stellte sich heraus, dass bei der Bewertung unseres Angebots – und desjenigen der Konkurrenz aus den USA und Japan – verschiedene behördliche »Ebenen« zur fachlichen Beurteilung eingeschaltet worden waren, die wir nicht kannten. Für ein stattliches Berater-honorar hatten wir einiges über interne chinesische Abläufe dazu-gelernt. Wir ersetzten das Management vor Ort durch einen gut Chinesisch sprechenden deutschen Mitarbeiter und waren später bei einem neuen Anlauf erfolgreich.

Wenn man zu den Besuchern zählt, die nahezu unüberwind-bare Schwierigkeiten haben, sich die Gesichter von chinesischen Partnern einzuprägen – und das ist die überwiegende Mehrheit –, ist man gut beraten, geeignete Hilfe in Anspruch zu nehmen. Meine China-erfahrenen Kollegen hatten zur Unterstützung ihres und meines Gedächtnisses einen immer umfangreicher werdenden Band mit Bildern unserer chinesischen Freunde angelegt. Dort war vermerkt, welche Themen behandelt worden waren und manchmal sogar, was ich bei der einen oder anderen Gelegenheit geäußert hatte. Das war eine große Hilfe. Die Chinesen schätzten es sehr, wenn man ihnen vorweisen konnte, dass man sich an Zusammentreffen und besprochene Themen erinnerte und zumindest die Vita des Verhandlungsführers einigermaßen kannte. Die vielen ähnlichen Namen, wie Liu, Lu, Wang, Li und andere machen die Vorbereitung auf Gespräche nicht gerade ein-facher.

Eine solche systematische »Buchführung« hat sich auch noch aus einem anderen Grund als nützlich erwiesen. Delegationsmitglieder, die in der Vergangenheit keine Rolle gespielt und nur im Hintergrund mitgewirkt hatten, tauchten Jahre später unversehens in führenden Positionen wieder auf. Sie hatten Karriere gemacht. Da war es natürlich sehr hilfreich, wenn man sich an frühere Begegnungen erinnerte und ihren neuen Auftritt mit freundlichen Worten kommentieren konnte.

Für einen ausgesprochenen Glücksfall, von dem ich sehr profitierte, waren aber nicht unsere Bibliothekare, sondern direkt unsere chinesischen Gastgeber verantwortlich. Als ich vor einigen Jahren einen Vortrag in Hangzhou über die deutsche Start-up-Szene hielt, präsentierte man mir beim Abendessen ein Foto, auf dem ich neben dem heutigen Staatspräsidenten Xi Jinping zu sehen war. Das Bild war bei einem viele Jahre zurückliegenden Besuch aufgenommen worden, als Xi in Hangzhou eine führende Rolle gespielt hatte, bevor er auf der Karriereleiter ganz nach oben stieg. Die Mienen der auf dem Foto abgebildeten Personen waren freundlich, und meiner Reputation hat das unverhofft aufgetauchte Erinnerungsfoto außerordentlich gutgetan.

Ein besonderes Ärgernis ist in China der erzwungene Technologietransfer. Ich rede jetzt nicht über das Kopieren, das ist ein anderes unerfreuliches Thema. Die Chinesen haben in den letzten Jahrzehnten die Strategie verfolgt, eine Öffnung ihres Marktes nur in Verbindung mit dem Transfer von Technologie zuzulassen. Marktöffnung gegen Übertragung von Know-how lautete die Devise.

Westliche Firmen haben versucht, durch die Gründung eines Joint Venture mit einem chinesischen Partner das Problem zumindest abzumildern. Chinesische Mitgesellschafter zu haben, kann in dem riesigen und für uns nicht transparenten Land sehr hilfreich sein. Es gibt das schöne chinesische Sprichwort: »Kein Weg ist zu weit mit einem Freund an deiner Seite.« Andererseits verdient der chinesische Teilhaber entsprechend seinem Anteil am Joint Venture ohne großen Aufwand dann mit, worüber man sich aber nicht ärgern sollte. Zumindest dann nicht, wenn es eine vielleicht nicht immer gleich in Zahlen fassbare ideelle Gegenleistung gibt. Der Gang durch den Behördendschungel fällt mit einem »ortskundigen Führer« deutlich leichter. Das meine ich mit ideeller Gegenleistung.

Aber die Chinesen wollen häufig mehr als nur einen Transfer von Technologie an ein in Mehrheitsbesitz eines Ausländers befindliches Joint Venture. Auch wenn der Nachweis erfolgt, dass die Technologie schon ins Land gebracht worden ist, bleibt die ärgerliche Forderung, Technik noch einmal zusätzlich an ein von den Chinesen benanntes Institut zu transferieren, das unter alleiniger chinesischer Leitung steht.

Ein Beispiel, wie dabei vorgegangen wurde, sind die Hochgeschwindigkeitszüge. Die Chinesen haben den ICE bei Siemens bestellt, aber zeitgleich Hochgeschwindigkeitszüge auch beim französischen Konzern Alstom, dem kanadischen Hersteller Bombardier und bei den Japanern eingekauft. Jedes Mal auch gegen den Transfer von Technologie. In der Zwischenzeit wurden über 3000 Züge in Betrieb genommen (3500 Stand 2019), also ziemlich genau das 10-Fache von dem, was wir an ICE-Zügen in Deutschland auf der Schiene haben. Sie bauen ihren eigenen Zug und nutzen das aus ihrer Sicht jeweils Beste aus den Technologien, die sie erhalten haben. Möglich ist es freilich in solchen Fällen, durch geschicktes Verhandeln auch längerfristig als Zulieferer von bestimmten Komponenten von dem Boom zu profitieren. Eine Weigerung, an derartigen Ausschreibungen wegen der unerwünschten Preisgabe von Technologie teilzunehmen, führt am Ende nur dazu, dass man auch von lukrativen Nachlieferungen ausgeschlossen wird und die Konkurrenz zum Zug kommt.

Wie kann man sich wehren? Indem man zum Beispiel die Technologie von Schlüsselkomponenten, und solche gibt es bei jedem Projekt, nicht nach China transferiert, also die Produktion dieser für das Funktionieren des Gesamtsystems notwendigen Komponenten im eigenen Land zurückhält. Ein Beispiel ist, soweit ich es beurteilen kann, das erfolgreiche Unternehmen Knorr-Bremse in München, das zum Weltmarktführer aufgestiegen ist. Seine Bremssysteme prägen die sichere Fahrweise der schnellen Züge. Auf ihren Einsatz wollen die Hersteller der Züge aus Sicherheitsgründen nicht verzichten – und die mit der Zulassung betrauten Genehmigungsbehörden auch nicht. Das vermittelt bei der Ablehnung von Transfer der einschlägigen Technologie eine starke Position. Auch der berühmte Hersteller von Vortriebsmaschinen beim Bau von Tunneln aus Baden-Württemberg, der mit seiner exzellenten Technologie den Weltmarkt beherrscht, soll sich immer wieder erfolgreich widersetzen.

Aber man muss realistisch bleiben: Am Ende bleibt wohl nichts anderes übrig, als sich dem Wettbewerb zu stellen, die eigene Innovationskraft zu Hause zu stärken und immer etwas schneller und innovativer als die asiatischen Konkurrenten zu sein. Das gilt im Übrigen nicht nur gegenüber aggressiven Wettbewerbern aus China, sondern auch gegenüber aufstrebenden Konkurrenten aus anderen Teilen der Welt. Andernfalls werden wir auf Dauer den Kürzeren ziehen. Ob diese Botschaft in unserem manchmal selbstzufriedenen Land schon überall angekommen ist und auch beherzigt wird, kann durchaus bezweifelt werden.

Wir sprechen zwar jetzt immer häufiger von China als unserem gefährlichen Konkurrenten und systemischen Wettbewerber und überlegen, welche Barrieren wir gegen das Vordringen vor allem staatlich unterstützter chinesischer Firmen errichten sollten. Wir fordern von den Chinesen zu Recht ein »level playing field«, also den gleichen Zugang zum chinesischen Markt, den sie sich bei uns wünschen. Selbst wenn die Europäer auf diesem Gebiet zusammenhalten und mit einer Sprache sprechen, was gegenwärtig nicht ohne Weiteres gewährleistet ist, werden wir gegen die chinesische Herausforderung auf Dauer nur bestehen, wenn wir unsere technologische Spitzenposition, wo wir sie (noch) haben, verteidigen, und zwar durch Leistung und nicht durch Barrieren, und eine führende Rolle dort neu erringen, wo wir sie nicht mehr haben oder wo sich neue Entwicklungen auftun. Nur wenn das gelingt, werden wir unseren hohen Lebensstandard bewahren können. Diese Feststellung gilt, wie schon gesagt, ganz allgemein und nicht nur für das Verhältnis zu unseren aufstrebenden Konkurrenten aus Fernost.

Man sollte zu Verhandlungen mit Chinesen viel Geduld mitbringen. Man darf sich nie in totale Abhängigkeit begeben und damit erpressbar machen. Man muss am Ende auch das Scheitern von Verhandlungen in Kauf nehmen, bevor man einen unvorteilhaften Deal eingeht. Auch ein Chinese hört vielleicht zu, wenn man daran erinnert, dass die Freude über einen niedrigen Preis längst vergangen ist, wenn der Ärger über schlechte Qualität beginnt. Und Qualität kostet Geld.

Eine ganz heikle Frage ist: Muss man damit rechnen, dass vertrauliche Infos über die Verhandlungsposition anderen bekannt werden? Oder ganz konkret: Muss man damit rechnen, abgehört zu werden? Ich habe etwas lächeln müssen, als vor einigen Jahren die Diskussion um das Abhören des Telefons von Frau Merkel aufkam. Wobei man der Ehrlichkeit halber festhalten muss, dass es in diesem Fall nicht um asiatische Lauscher ging. Wir hatten gelegentlich nette, abendliche Gespräche mit den Herren damals noch aus Pullach bei München, den Schlapphüten, wie man sie manchmal durchaus freundlich nennt. Schlapp waren die gar nicht. Viel ausgeplaudert über ihr geheimdienstliches Wissen haben die Vertreter des BND bei uns aber auch nicht. Eher haben sie versucht, uns »abzuschöpfen«, weil wir in manchen Ländern über ein gewisses Hintergrundwissen verfügten, das für sie von Interesse sein konnte. Einmal habe ich mich etwas naiv gestellt und in der abendlichen Runde gefragt, ob ich denn davon ausgehen müsse, dass ich abgehört werde. Da kam die Antwort wie aus der Pistole geschossen: »Mindestens vier Geheimdienste hören bei Ihnen regelmäßig zu.«

Es war von speziellen Diensten aus nah und fern die Rede. Der deutsche Geheimdienst sei im Übrigen, so versicherten unsere Gastgeber durchaus glaubwürdig, nicht mit von der Partie. Er darf nämlich nach deutschen Gesetzen keine Wirtschaftsspionage betreiben. Bei ausländischen Geheimdiensten gilt das so nicht. Hin und wieder wurde behauptet, dieser Umstand käme unseren Konkurrenten zugute, weil sie bei umkämpften Projekten mit geheimdienstlichen Informationen über die Wettbewerbslage bis hin zu angebotenen Preisen und Konditionen versorgt würden, ohne dass man freilich für solche Aktionen einen Beweis antreten konnte.

Die Diskussion über Abhören und Spionagepraktiken hat in jüngster Zeit eine ganz neue Dimension erreicht. Chinesische Firmen sind bei der Entwicklung des fortschrittlichen 5G-Standards für den Mobilfunk allen Konkurrenten ein gutes Stück vorausgeeilt. Daten- und Sprachübertragungen berühren schon heute an irgendeiner Stelle des weltweiten Übertragungsnetzes Komponenten, die von chinesischen Firmen, besonders dem in Shenzhen angesiedelten Telekommunikationsausrüster Huawei, installiert worden sind. Das ist Fakt!

Vor allem die Amerikaner haben die Sorge geäußert, dass der in zahlreichen Ländern vorgesehene Ausbau des neuen 5G-Standards durch Huawei angesichts der engen Verbindungen der Firma mit der chinesischen Regierung den chinesischen Zugriff auf sensible Daten eröffnen, eigentlich müsste man sagen, verstärken würde. Deshalb sollten chinesische Systemlieferanten bei der Einrichtung des neuen 5G-Netzes ausgeschlossen werden. Ob dieser – sicherlich auch durch den US-Wahlkampf beeinflusste – Vorstoß weltweit durchsetzbar sein wird, kann bezweifelt werden.

Aber wie die Sache auch ausgeht, die grundsätzliche Problematik einer durch fremde Lauscher beeinträchtigten Kommunikation bleibt bestehen, und nicht nur im Hinblick aus Firmen aus Fernost.

Wobei das Thema Vertraulichkeit und Datenschutz heute noch eine ganz andere Dimension angenommen hat. Es ist üblich geworden und wahrscheinlich unumgänglich, amerikanische oder vielleicht sogar chinesische Softwareplattformen zu nutzen. Die Daten werden in der Cloud gespeichert, wandern um die Welt und werden auf den Servern der Softwareanbieter in deren Ländern abgelegt. Der deutsche oder europäische Datenschutz werden bei der Aufbewahrung der Daten eher keine Rolle spielen. Dass man bei uns früher hinter den Vorhängen an den Fenstern von Besprechungszimmern sogenannte Verrauschungsanlagen angebracht hat, um das Abhören von außen unmöglich zu machen, mutet heute ziemlich anachronistisch an.

Ich habe übrigens in meiner Amtszeit einmal vergebens dagegen opponiert, dass ausgerechnet der Auftrag über die Kommunikationsanlagen für das Netz, das deutsche Forschungsanlagen miteinander verbunden hat, aus Kosten- und nicht etwa aus technischen Gründen an eine Firma aus China vergeben wurde. Die Chinesen hatten bei den damals noch hochmodernen 10-Gigabit-Ethernet-Systemen niedrigere Preise als Siemens angeboten. Wir hatten eindringlich vor einer Vergabe nach Fernost in diesem sensiblen Bereich gewarnt und auf unsere in technischer Hinsicht absolut gegebene Wettbewerbsfähigkeit hingewiesen. Man wollte nicht hören, dass in die Systeme sogenannte Back-Doors eingebaut sein könnten, über die sich Informationen abzapfen lassen, noch dazu wohl unbemerkt.

Wie schützt man sich gegen diese unerwünschten Aktivitäten? Es ist trivial: Besser nicht auf den Erfolg der Verschlüsselung von Nachrichten vertrauen, sondern keine allgemein zugänglichen Kommunikationsmittel zur Übermittlung sensitiver Berichte und Daten benutzen. Schon gar nicht den letzten Preis per E-Mail dem

Verhandlungsteam vor Ort übermitteln, was in der Eile auch schon passiert sein soll. Aber dies gilt nicht nur für China. Es ist auch an vielen anderen Stellen der Erde tunlichst zu vermeiden.

Ich habe im Übrigen den Spieß manchmal umgedreht, und auch da rede ich jetzt keineswegs nur über den Fernen Osten. Wenn mir etwas nicht so recht gepasst hat, dann habe ich – in bestimmten Ländern – ein offenes Fax an unseren jeweiligen Landeschef geschickt, um die Sache für die Lauscher zu erleichtern, auf Englisch versteht sich. Wichtig war, Namen von hochrangigen Politikern mit einzubauen, durchaus auch aus dem Zusammenhang gerissen, damit der von den Lauschern eingesetzte Computer beim Zuhören auch anschlug. In dem Fax waren dann vorsichtig formulierte Beschwerden über ein bestimmtes Vorgehen formuliert, über das wir uns geärgert hatten. Diese verband ich mit der Frage, was unser Landeschef zu den Hintergründen in Erfahrung bringen könne. Er wusste, dass er darauf nicht zu antworten brauchte. Unsere Botschaft kam meist gut an der richtigen Stelle an.

Wichtig sind in China auch die gemeinsamen Abendessen, bei denen man Beziehungen aufbaut und festigt. Über die Trinkgewohnheiten bei solchen Anlässen ist viel geschrieben worden. Die Zeiten, als Mao Tai, ein für manchen gewöhnungsbedürftiger Hirseschnaps, in Strömen geflossen ist, sind zumindest in den großen Städten wie Peking und Schanghai mehr oder weniger vorbei.

Es wird überhaupt nicht mehr so viel getrunken wie früher. Das hängt auch damit zusammen, dass der Mao Tai, dieser 60-prozentige Schnaps, sehr teuer geworden ist. Es gilt ganz allgemein, wenn die Abendessen zu opulent ausfallen, kann dies heute zu unangenehmen Konsequenzen für die chinesischen Partner führen. Die Aufsichtsbehörde für Korruption wird auch in der Wirtschaft mittlerweile gefürchtet.

In der Provinz können die Sitten bei Tisch noch anders sein. Da wird beim Abendessen manchmal ordentlich eingeschenkt. Es ist nicht ganz einfach, sich den freundlich angebotenen, gut gefüllten Schnapsgläsern zu entziehen, ohne unhöflich zu wirken. Eine Möglichkeit, sich unbeschadet aus der Affäre zu ziehen, besteht darin, von vornherein zu sagen, die Rücksicht auf die Gesundheit erlaube es nicht, Alkohol zu trinken. Das wird akzeptiert. Es ist nur gefährlich, wenn man dann zum Beispiel in der Bar des Hotels bei einem Sündenfall ertappt wird. Den Schnaps während des Essens einfach, natürlich unbemerkt, auf den Boden zu gießen und das Glas mit üblicherweise auf dem Tisch stehendem Wasser aufzufüllen, ist schon vorgekommen, aber wohl auch nicht ganz gentlemanlike.

Ich habe gute Erfahrungen damit gemacht, die jungen, meistens besonders gut aussehenden Frauen, die die Gläser nachfüllen, so weit zu bringen, dass aus derselben Karaffe auch mir eingeschenkt wurde, mit der sie meinen chinesischen Tischnachbarn, meistens war es der Gastgeber, bedient hatten. Warum ist das empfehlenswert? Weil den Chinesen häufig ganz unauffällig aus einer zweiten Karaffe nachgegossen wird, und in dieser befindet sich Wasser.

Im Übrigen sollte man niemanden nach China schicken, der eine Aversion gegen chinesisches Essen hegt. Auch das gibt es! Ich habe solche Fälle erlebt, die auch negative geschäftliche Auswirkungen hatten. Ich mochte chinesisches Essen sehr gerne, solange

man keine Schlangen und Hunde vorgesetzt bekam. Wenn wir
vor allem im Süden in typisch chinesische Lokale gingen, bei
denen Ausländer kaum zu finden waren, dafür umso mehr Kara-
oke gesungen wurde, habe ich mir vorher von meinen chinesischen
Begleitern versichern lassen, dass meine entsprechenden Wünsche
berücksichtigt würden.

Ein Kollege hat mir dazu folgende Geschichte erzählt. Er war
in einem Restaurant und bestellte irgendein Gericht mit »duck«.
Er musste ewig warten. Endlich kam die Bedienung mit dem aufgeregten Küchenchef im Schlepptau und fragte ihn sichtlich konsterniert: »Do you really want a dog?« So eng liegen im chinesischen
Englisch »duck« und »dog«, Ente und Hund, beieinander.

Wichtig sind in China Fotos. Was die Chinesen mit den
unzähligen Aufnahmen anstellen, die bei diesen Gelegenheiten
gemacht werden, bleibt rätselhaft. Aber unsere Leute können
natürlich einen schönen Schnappschuss, auf dem oberste Reprä-
sentanten einander freundlich zulächeln, in ihren eigenen Verhandlungen gut verwenden. Nach dem Motto: »Schaut her, wie
gut die sich da oben auf höchster Ebene verstehen.«

Wie hält man es heute in China mit Geschenken? Das war
früher eine Unsitte. Jedes Mitglied einer chinesischen Delegation,
die uns in Deutschland besuchte, bekam am Ende eines Abend-
essens ein Präsent. Der Wert war streng abgestuft nach dem jeweiligen Rang des Gastes. Bayerische Löwen waren am beliebtesten.
Der Löwe als Symbol der Stärke. Ich habe entsprechendes Nym-
phenburger Porzellan in sämtlichen Größen mit und ohne bayerischen weiß-blauen Wappen Dutzende Male verschenkt. Heute
ist der Austausch von Geschenken aus der Mode gekommen. Auch

das hängt mit der Antikorruptionskampagne zusammen, die im Lande alle Lebensbereiche erreicht hat. Man traut sich nicht mehr, Geschenke entgegenzunehmen, und man sollte damit dann auch niemanden in Verlegenheit bringen.

Es heißt, es sei in China schwierig bis nahezu unmöglich, persönliche Freundschaften zu schließen. Man wird nicht nach Hause eingeladen, es gibt keine geselligen Grillpartys, keine Runde auf dem Golfplatz, keine gemeinsamen Wanderungen, und die sprachlichen Schwierigkeiten tragen zur Distanzierung bei. Das gilt jedenfalls für Menschen, die nach China nur für kurze Zeit zu Verhandlungen kommen, auch wenn sie ihre Geschäftspartner lange kennen und regelmäßig treffen. Für Leute, die längere Zeit in China leben, mag das vielleicht etwas anders sein.

Dankbarkeit kann man aber bei hochrangigen chinesischen Partnern schon erleben. Wir hatten in der Zeit, als viele Kooperationen gestartet wurden und die Chinesen ein hohes Interesse an unserer Technologie hatten, immer wieder Delegationen mit der obersten chinesischen politischen Führungsspitze in München zu Gast. Die Termingestaltung fand häufig in Konkurrenz oder Ergänzung zu den Besuchen bei BMW statt. Die Chinesen liebten die schnellen Autos, und wir hatten in dieser Hinsicht nur den in den 1920er-Jahren von Siemens gebauten Proton zu bieten, ein schickes Museumsstück, das, wenn auch fahrbereit, nur für ein Erinnerungsfoto taugte. Außerdem war BMW ein exzellenter Siemens-Kunde, und schon deshalb verbot es sich, mit BMW in einen Wettstreit um die Gunst der Chinesen zu treten.

Für die Abendveranstaltungen war in Absprache mit BMW meist Siemens zuständig. Einmal hatten wir den Einfall, den chinesischen Staatspräsidenten Jiang Zemin in einem Münchner Vorort in einen Biergarten einzuladen. Schweinshaxen, Bier aus großen Maßkrügen, Blasmusik und Schuhplattler in Lederhosen, das liebten unsere Gäste, und uns hat die Abwechslung ehrlich gesagt auch gefallen. Als gebürtiger Franke wurde ich wenigstens auf diese Weise mit oberbayerischer Folklore vertraut.

Schließlich erregte Jiang Zemin, der in den Gesprächen mit mir regelmäßig Hegel zitierte und der sich in der Unterhaltung nicht gerade durch übermäßiges Temperament auszeichnete, das ungläubige Staunen seiner Landsleute, als er auf die Bühne trat und zusammen mit mir und einigen Mitgliedern seiner Delegation mit einem Xylofon unter entsprechender musikalischer Anleitung den »Schneewalzer« intonierte. Das allseitige Vergnügen wurde aber jäh unterbrochen, als eines der typischen oberbayerischen Gewitter mit Blitz und Donner über uns hereinzubrechen drohte.

Es folgte ein hastiger Abschied. Doch bevor die Gäste mit der üblichen Polizei- und Motorradeskorte, die keine männliche Domäne war, denn unter den Helmen lugten einige hübsche weibliche Pferdeschwänze hervor, mitten in den Gewittersturm hineinfuhren, hatte mich die den Staatspräsidenten begleitende Ministerin Wu – sie hieß bei uns und wohl auch bei anderen immer Madame Wu – beiseitegenommen und mir noch schnell gesagt, wenn ich in China mal etwas bräuchte, solle ich mich bei ihr melden. Na ja, dachte ich, ein netter Ausklang eines gelungenen Abends.

Doch dann war es so weit: Beim folgenden Staatsbesuch von Bundeskanzler Helmut Kohl lag am Vorabend der Unterzeichnung industrieller Abkommen in Peking eine lange Liste von Projekten vor. Viele deutsche Firmen waren vertreten, nur Siemens fehlte. Unser Projekt hatte es nicht bis zu der von Bundeskanzler und chinesischem Ministerpräsidenten begleiteten Unterschriftszeremonie geschafft. Das war eine Niederlage, die am nächsten Tag von dem den Staatsbesuch begleitenden Pressetross sicherlich genüsslich kommentiert worden wäre. Außerdem auch kein gutes Vorzeichen für den von uns ersehnten Auftrag. Es gelang mir, die entsprechende Nachricht unmittelbar an Madame Wu absetzen zu lassen. Kurz nach Mitternacht wurde ich im Hotel aus dem Bett geklingelt. Unser Team solle sofort zum Abschluss der Verhandlungen erscheinen, was natürlich geschah. Und dann ging alles ratzfatz. Am nächsten Vormittag lag die Vereinbarung über den Bau eines großen Kraftwerks nach einer nächtlichen Verhandlungsrunde in der besagten Unterschriftenmappe. Madame Wu hatte Wort gehalten.

Übrigens: Bei solchen Staatsbesuchen gab es viele Unterschriften. Der Erfolg einer Kanzlerreise wurde in der Öffentlichkeit häufig auch an der addierten Auftragssumme der vereinbarten Projekte gemessen. Sie musste möglichst höher sein als bei französischen, japanischen, italienischen und anderen Staatsvisiten. Nur, es gab dabei eine beträchtliche Zahl von Luftnummern, von denen man später nie mehr etwas hörte. Bei diesen Ausfällen waren zugegebenermaßen immer wieder auch Siemens-Projekte dabei. Der in der nächtlichen Arbeit gesicherte Auftrag fiel nicht in diese Kategorie. Er wurde später erfolgreich zu Ende geführt.

Erfahrungen, die man mit der obersten chinesischen Führung bei Essenseinladungen macht, sind allerdings vielfältig. Einmal hatten wir den chinesischen Ministerpräsidenten Shu Rongji mit großem Gefolge zum Mittagessen am Wittelsbacher Platz in München zu Gast. Wir gaben uns mit der Auswahl des Menüs große Mühe. Nur nicht aus Gedankenlosigkeit das übliche Steak anbieten, möglichst noch medium rare. Das mochten die Chinesen gar nicht. Shu Rongji, ein persönlicher Freund von Helmut Schmidt und auch nach seinem Ausscheiden aus der Regierung ein in China hoch angesehener Mann, rührte das Essen kaum an. Er hatte eine Botschaft an mich. Die Zahl der von Siemens in China eingesetzten deutschen Fachkräfte sei viel zu hoch. Das verursache nur immense Kosten. Wir sollten einheimisches Personal ausbilden und beschäftigen. Sprach's, stand auf und ging. Seine Entourage konnte nicht schnell genug die gut gefüllten Teller stehen lassen, um ihrem gar nicht hungrigen und plötzlich davoneilenden Ministerpräsidenten zu folgen. Dieser durchaus Siemens gewogene Mann war offenbar vom vorangegangenen Besuchsprogramm einfach müde und wollte ins Hotel zurück. Wir sind seinem Beispiel, das nicht gerade von besonderer Höflichkeit zeugte, bei ähnlichen Besuchen in China lieber nicht gefolgt.

Im Laufe von Verhandlungen ergibt sich in China häufig die Notwendigkeit, die eine oder andere kleinere oder größere Rede zu halten. Natürlich auf Englisch, seltener auf Deutsch und selbstverständlich immer begleitet von einer Übersetzung. Da wäre es schön, wenn man ein paar chinesische Sätze einbauen könnte. Aber das ist schwierig: Die Aussprache, die Intonation – je nach Betonung haben die Worte oft eine völlig unterschiedliche Bedeutung – und dann das Problem, sich in der uns fremden Sprache überhaupt einen Satz zu merken. Ganz gefährlich ist es, einen Witz einstreuen zu wollen. Das kann voll danebengehen. Einen Spruch habe ich mir immer für den Schluss meiner Reden aufgehoben. Er lautet: »Gong Xi Fa Cai.« Es ist der chinesische Neujahrsgruß. Etwas frei übersetzt heißt er: Lass uns gemeinsam reich werden. Das kam bei den chinesischen Zuhörern immer gut an.

Wenn man in China nach langen, nervenaufreibenden Verhandlungen endlich ein »Ja« vernommen hat, kommt das große Aufatmen. Aber manchmal kommt es auch zu früh. Denn es ist keineswegs unüblich, so hört man immer wieder, dass das »Ja« vielleicht auf einem Missverständnis beruht und durchaus den Auftakt zu weiterem intensivem Feilschen bedeuten kann. In der nächsten Runde für den ausländischen Partner dann mit einem Neustart auf niedrigerem Niveau, nämlich auf der schon durch Zugeständnisse erreichten Basis, auf die man sich vermeintlich geeinigt hatte.

Ich hatte eine etwas bessere Erfahrung. Vielleicht war es auch dem Großunternehmen geschuldet, dass ich in der Regel vertragstreue Partner erlebt habe. Leider habe ich aber nicht immer verstanden, dass ein chinesisches »Nein« durchaus ein verbindliches Signal sein kann. Üblicherweise nutzen die Chinesen, wenn sie nicht einverstanden sind, eher ausweichende Formulierungen wie »wir müssen noch mal nachdenken«. Aber manchmal werden sie auch sehr direkt. Wenn man einen solchen deutlichen Hinweis nicht bitterernst nimmt, weil man ihn fälschlicherweise chinesischer Verhandlungstaktik zuordnet, und nicht konsequent umsteuert, kann das zu einer großen Enttäuschung führen. Das ist mir leider so passiert und war dann nicht mehr korrigierbar. Ein strategisch wichtiger Auftrag landete bei der Konkurrenz. Wir hatten uns mit unseren Preisen und Konditionen verspekuliert und dabei trotz eines deutlichen Zeichens ziemlich dämlich angestellt. Nutznießer waren amerikanische und japanische Firmen.

Wie es im Verhältnis zu China generell weitergehen wird, ist kaum vorherzusagen. Die aufstrebende Weltmacht hat mächtige Gegner bekommen, allen voran die USA, aber fast auch traditionell Indien und Japan. »Freunde« hat sie in Russland, im Iran, vielleicht auch in der Türkei und in einigen Ländern Afrikas gefunden. Einen beachtlichen Prestigegewinn für China stellt auch das kürzlich unterzeichnete Freihandelsabkommen mit fünfzehn Ländern Südostasiens und Ozeaniens dar, an dem auch Japan beteiligt ist und aus dem sich die USA zurückgezogen haben. Über zwei Milliarden Menschen leben in diesem Handelsblock. Europa steht irgendwo zwischen der Freundschaft zu den Amerikanern und einem angemessenen Verhältnis zum Land in Fernost. Die ständigen Attacken auf Taiwan, das aggressive Auftreten im Chinesischen Meer, aber auch der anfängliche Umgang mit dem Covid-19-Virus und die schlimmen Nachrichten, die die Welt zur Lage der Minderheit der Uiguren im äußersten Westen Chinas erreichen, haben die Reputation des Landes nicht verbessert.

Man kann nur hoffen, dass es gelingt, China in den nächsten Jahrzehnten in ein multilaterales System des Ausgleichs und der gegenseitigen Rücksichtnahme einzubinden. Europa muss dazu, wenn es ernst genommen werden will, eine starke eigenständige Rolle finden. Das zum Jahresende 2020 abgeschlossene Investitionsschutzabkommen kann ein wichtiger Schritt in diese Richtung sein.

WER WAR HANS KRANKL?

Auch wenn wir uns in unserem eigenen Kulturkreis bewegen und nicht in Asien oder im Nahen Osten, kann es leicht passieren, dass wir durch unser Auftreten unerwartete Widerstände provozieren. Das beginnt schon bei unseren Nachbarn in Österreich.

Wir machen immer wieder die Erfahrung, dass die Deutschen in Österreich nicht den Grad an Beliebtheit erreichen, den sie meinen, sich verdient zu haben. Das kann zum Beispiel an den Tag kommen, wenn deutsche Geschäftsleute in Wien auftreten und Verhandlungen führen. Über deutsche Urlauber in Tirol, dem Salzburger Land, Kärnten, der Steiermark, dem Burgenland oder den anderen schönen österreichischen Bundesländern will ich nicht reden. Über ein persönliches Jugenderlebnis schon. Als ich mit meinen aus Wien stammenden Eltern als Kind einmal in der österreichischen Hauptstadt zu Besuch war, haben meine sogenannten, keineswegs blutsverwandten Tanten gleich im Nu reagiert, als sie von meinem Wunsch hörten, einen Ausflug ins Burgenland zum Neusiedlersee zu machen: »Jeder Piefke fährt ins Burgenland«, lautete ihr Kommentar, den ich instinktiv als unfreundlich empfunden habe, obwohl ich damals noch nicht wusste, was die Tanten mit dem Wort Piefke zum Ausdruck bringen wollten. Dieses Wort ist ja keineswegs eine Ehrenbezeichnung für die deutschen Nachbarn. Aber damit will ich es mit dem touristischen Teil auch schon belassen. Für mich waren übrigens der Besuch im Burgenland und der Spaziergang am Neusiedlersee mit seiner einmaligen Vogelwelt ein großartiges Erlebnis, an das ich mich noch heute gerne erinnere.

Der Wiener Schriftsteller Franz Grillparzer hat das besondere deutsch-österreichische Verhältnis einmal wie folgt auf den Punkt gebracht: Die Deutschen wollen die Österreicher verstehen, können es aber nicht. Die Österreicher könnten die Deutschen verstehen, wollen aber nicht.

Was zum Beispiel die Wiener absolut nicht mögen, ist, wenn ein Deutscher anfängt, ihnen die Welt zu erklären. Vielleicht sind die Wiener auch zu empfindlich und wittern bei jedem gut gemeinten Rat gleich deutsche Überheblichkeit. Aber Ratschläge können auch Schläge sein und wehtun. Die Österreicher wollen eben ernst genommen werden und nicht das Gefühl haben müssen, die Deutschen meinten, in Österreich beginne schon der Balkan. Kein guter Scherz in den Augen der Gastgeber, eher eine Beleidigung und als Kollateralschaden auch noch eine solche für die Länder des Balkans.

Wenn man in Wien erfolgreich sein will, empfiehlt es sich, Zeit und Geduld mitzubringen. Man sollte zum Beispiel planen, bereits am Abend vorher anzureisen. Es muss dann nicht unbedingt ein Abend in Grinzing folgen, auch wenn ein gemeinsamer Auftritt beim Heurigen für Entspannung auf beiden Seiten sorgen kann. Den Gastgeber zu bitten, Karten für einen Besuch der Oper, des Burgtheaters, der Volksoper oder des Theaters an der Wien zu besorgen, wird schon vor Beginn ernsthafter Gespräche zu einer deutlichen Verbesserung der Atmosphäre beitragen und für den Besucher obendrein einen besonderen Kulturgenuss bringen. Auch ein Stück von Johann Nepomuk Nestroy kann, wenn gut gespielt, durchaus erheiternd wirken. Wikipedia stellt seine Bühnenpsychologie immerhin neben die eines Oscar Wilde und George Bernard Shaw.

Wer eher den Sport mag und selbst nicht zu empfindlich ist, kann auch mal fragen, wie sein Gastgeber – ganz jung darf er allerdings nicht sein, es geht um das Jahr 1978 – den großen Tag von Cordoba verbracht hat, als die Österreicher den amtierenden Weltmeister Deutschland mit 3:2 aus der Fußballweltmeisterschaft in Argentinien herauskickten. Hans Krankl, der dabei gleich zwei Tore erzielte, das Siegtor in der 87. Minute, ist immer noch ein Nationalheld. Und die Erinnerung an den unvergessenen Ausspruch des österreichischen Kommentators: »I werd' narrisch« mit dem nicht enden wollenden Torjubel bringt die Menschen in Österreich immer noch zum Schmunzeln, während wir eigentlich den sportlichen Tiefschlag längst überwunden haben, der bei uns als die Schmach von Cordoba in die Fußballannalen eingegangen ist.

Unverfänglicher ist es freilich, über das Skifahren am Arlberg oder in Kitzbühel, über den im österreichischen Skifahrergedächtnis heute noch präsenten »brutalen« Rennläufer Franz Klammer und seine spektakulären Abfahrten auf der »Streif« oder über die Schönheit des Wörthersees zu sprechen. Ein wenig über die österreichische Politik Bescheid zu wissen, schadet auch nicht. Eine besondere Herausforderung besteht auf diesem Gebiet allerdings darin, immer à jour zu bleiben. Denn in der österreichischen Szene fallen die Helden manchmal schneller als anderswo, und dann auch noch unter höchst bizarren Umständen.

Erwähnt könnte auch werden, dass Wien in international anerkannten Umfragen nach den Städten mit der höchsten Lebensqualität in der Welt regelmäßig in der absoluten Spitzengruppe landet. Beim renommierten Unternehmensberater Mercer behauptete Wien zehnmal hintereinander sogar den ersten Rang vor allen deutschen Städten, sogar vor München.

Man darf aber in Österreich nicht den Fehler machen, Wien mit Österreich in jeder Beziehung gleichzusetzen. Sicherlich nimmt die attraktive Hauptstadt eine Sonderstellung in der 9-Millionen-Republik schon aufgrund ihrer Einwohnerzahl von knapp 2 Millionen ein. Und der Satz von Werner von Siemens aus dem 19. Jahrhundert: »Über Wien wird uns der Orient erschlossen«, hat angesichts der besonderen Beliebtheit der Stadt bei den ost- und südostgelegenen Nachbarn immer noch seine Gültigkeit. Die Tiroler weisen hingegen eine eigene, eher den nördlichen Nachbarn in Bayern verbundene Identität auf, die sie gerne pflegen und die zu einer heftigen Abwehrhaltung »gegenüber denen aus Wien« führen kann. Und man sagt, dass Wiener durchaus Schwierigkeiten haben können, sprachlich mitzukommen, wenn sich zwei Vorarlberger in ihrem heimatlichen Dialekt unterhalten.

Bei Siemens war es so, dass sich die österreichische Landesgesellschaft wirtschaftlich außerordentlich erfolgreich darstellte. Ihr Marktanteil in Österreich war höher als derjenige der Muttergesellschaft in Deutschland! Und die Profitabilität konnte sich auch sehen lassen. Aber wenn das Topmanagement von Siemens Österreich in München beim Vorstand des Gesamtunternehmens am

Wittelsbacherplatz zu einer Präsentation erschien, war die Stimmung trotz der guten Zahlen immer etwas angespannt. Wenn man nicht aufpasste, gab schnell ein Wort das andere. Und die selbstbewussten Wiener standen in ihrer Direktheit ihren deutschen Kollegen in keiner Weise nach, obwohl sie gerade diese Eigenschaft an den Deutschen am allerwenigsten schätzten. Da war auch der Vorstandsvorsitzende als Sitzungsleiter gut beraten, nicht zu schnell Partei zu ergreifen und gelegentlich eine vermittelnde Rolle einzunehmen, am Ende aber auch darauf zu achten, dass ein vernünftiges Ergebnis erzielt wurde, das alle akzeptieren konnten, wenn auch manchmal mit Zähneknirschen.

Wie hoch andererseits der Respekt vor der österreichischen Landesgesellschaft und ihren Vertretern in der Münchner Zentrale war, konnte man erfahren, wenn für die gesamte Siemens-Welt gültige Richtlinien, manchmal waren es auch nur Hinweise für eine wenigstens im Grundsatz einheitliche Gestaltung der internationalen Personalarbeit, verabschiedet werden sollten. Die Österreicher hatten sich mit Beharrlichkeit, aber auch mit ihrem anerkannten Sachverstand nicht nur besondere Mitwirkungsrechte bei der Abfassung von für siebzig Landesgesellschaften in aller Welt gültigen Rundschreiben erworben, sondern schon fast eine Art Vetorecht. Ohne ihre Zustimmung wollte man jedenfalls kein allgemein verbindliches Papier herausgeben.

Persönlich hatte ich es als Deutscher in Wien von Anfang an etwas einfacher. Ich konnte am Abend nach ein oder zwei Glas Wein ein Foto herauslegen, auf dem zwei Personen in weißer Uniform neben einigen anderen in dunkler Uniform abgebildet waren. Der eine »Weiße« war ganz unzweifelhaft Kaiser Franz Joseph, der andere war mein Großvater, der es bei KuK, der Kaiserlich-König-lichen Armee, zum Feldmarschall gebracht hatte. Das Bild war bei einem Manöver um das Jahr 1900 aufgenommen worden. Eine derart beeindruckende Verbindung zu Österreich konnte nicht jeder Piefke vorweisen. Und es gibt gar keinen Zweifel, dass der vorletzte österreichische Kaiser Franz Joseph im Land der freund-lichen Nostalgie ein anderes Ansehen genießt als der letzte deut-sche Kaiser bei uns.

GEMEINSAM UNTER DIE DUSCHE?

Der österreichische Kabarettist Karl Farkas kannte vielleicht das Bonmot von Oscar Wilde »Britain and the US are two Nations, divided by a common language«, als er mit einer nicht gleich von allen verstandenen Ironie formulierte: »Was die Deutschen und die Österreicher trennt, ist ihre gemeinsame Sprache.«

Auf unser Verhältnis zu den Franzosen übertragen ist es leider wirklich die jeweilige Sprache des anderen Landes, die viel zu selten beherrscht wird. Meine ersten wichtigen Verhandlungen mit französischen Partnern fanden Mitte der 80er-Jahre statt. Es ging nach dem sich abzeichnenden deutschen Ausstieg aus der Kernenergie darum, durch ein Zusammengehen mit der französischen Framatome unseren Tausenden hoch qualifizierten Ingenieuren eine einigermaßen gesicherte Zukunft in ihrem angestammten nuklearen Arbeitsgebiet zu verschaffen, wenn auch als Juniorpartner der Franzosen, und damit auch die sicherheitstechnische Betreuung der in Betrieb befindlichen deutschen Kernkraftwerke zu gewährleisten. Die Verantwortung dafür nahmen wir ernst.

Die hochrangige französische Verhandlungsdelegation hatte zu dem Treffen in Erlangen eine kleine Anlage mit Mikrofonen mitgebracht, die am Tisch jedes Teilnehmers platziert und mit einem Kabel zur Übersetzerin verbunden wurden, die dann mit leiser Stimme jedes Wort simultan höchst professionell übersetzte. Wie viel schöner und effektiver wäre es gewesen, wenn wir uns mit unseren Nachbarn westlich des Rheins direkt hätten verständigen können! Später wurde Englisch zur gemeinsamen Sprache, und der Zusammenschluss der beiden Unternehmen hat unter französischer Führung ordentlich funktioniert, bis Siemens aus dem Gemeinschaftsunternehmen ausstieg und im Zusammenhang damit eine riesige Ausgleichsforderung der Franzosen erfüllen musste.

Aber die kulturellen Probleme liegen natürlich tiefer als nur bei der Sprache. In Frankreich sollte man sich zum Beispiel daran gewöhnen, dass bei wichtigen industriellen Themen die Regierung indirekt, manchmal sogar direkt mit am Verhandlungstisch sitzt. Das liegt schon an der französischen Geschichte der Planifikation, an der Gewohnheit, auf marktwirtschaftliche Vorgänge staatlichen Einfluss zu nehmen. Zusätzlich kommen oft auch politische Faktoren ins Spiel. Damit meine ich den manchmal ausgeprägten Wunsch der französischen Partner, bei wichtigen Themen das Heft in der Hand zu behalten und nicht in Abhängigkeit von Ausländern zu geraten. Ob solche Gegebenheiten für eine freudige Zusammenarbeit mit den Deutschen sprechen, sei dahingestellt.

Das Rückgrat der gegenseitigen Wirtschaftsbeziehungen bildet der Mittelstand. Immerhin sind 2500 deutsche Firmen in Frankreich präsent, wie aus einer in der *Frankfurter Allgemeinen Zeitung*

(14.10.2020) zitierten Studie hervorgeht, an der die deutsch-französische Handelskammer in Paris beteiligt war. Wenn es aber um die großen Themen geht, dann fällt einem außer dem Airbus auf Anhieb nicht viel an erfolgreicher industrieller Kooperation von vergleichbarer Bedeutung zwischen Frankreich und Deutschland ein. Eigentlich verwunderlich angesichts der intensiven, nicht immer konfliktfreien, aber insgesamt äußerst positiven Zusammenarbeit auf politischem Gebiet. In diesen unbefriedigenden Verhältnissen zeigt sich wohl eine gewisse Sorge der Franzosen vor deutscher industrieller Überlegenheit. Gegenüber Siemens galt das zweifellos lange Zeit, wie ich aus eigener Erfahrung weiß. In einem lesenswerten Beitrag einer renommierten deutschen Tageszeitung wurde kürzlich erklärt, französische Intellektuelle und Politiker würden aktuell das Gefühl haben, dass Frankreich mit Deutschland nicht mehr in einer Liga spiele, sondern zurückgefallen sei. Wenn das tatsächlich der Fall wäre, könnte sich darüber niemand freuen, ganz besonders nicht die Bürger unseres Landes.

Bundeskanzler Helmut Kohl hat einmal zu mir gesagt: »Wenn Sie an einer französischen und einer deutschen Flagge vorbeigehen sollten, dann verbeugen Sie sich vor der deutschen einmal, aber vor der französischen zweimal.« Dieser Hinweis war für einen Nicht-Politiker natürlich nur im übertragenen Sinn praktikabel.

Wenn es konkreter wird, machen wir uns bei den Franzosen häufig unbeliebt. Wir sind, so muss man wohl annehmen, in ihren Augen manchmal zu ergebnisorientiert, vielleicht auch zu stur, zu effizient, eben zu teutonisch.

Manche Fehler ließen sich dabei leicht vermeiden. Besonders negative Erfahrungen macht man in Frankreich zum Beispiel, wenn man sich wie folgt verhält: Die Anreise zu Gesprächen in Paris findet am Vormittag des Verhandlungstags statt. Das Flugzeug hat von vornherein Verspätung. Diese vergrößert sich auf dem Rollfeld des überlasteten Flughafens Charles de Gaulle noch einmal beträchtlich, bis der Flieger endlich an dem ihm zugewiesenen Gate andockt. Man bleibt mit dem Taxi selbstverständlich im Pariser Verkehr stecken und kommt schließlich mit erheblichem Verzug zur Besprechung. Um die verlorene Zeit wieder einzuholen, wird vorgeschlagen, auf das vorgesehene und mit französischer Liebenswürdigkeit arrangierte Mittagessen zu verzichten und sich stattdessen mit einem Arbeitsessen zu begnügen, bei dem auf die Schnelle ein paar Sandwiches gereicht werden sollen.

Der geschäftliche Teil des Gesprächs wird von den deutschen Partnern mit der Aussage eröffnet, es seien fünf Punkte zu behandeln. Dann wird gebeten zu berücksichtigen, dass man rechtzeitig wieder im Auto sitzen müsse, um den Flieger nach Deutschland zu erreichen. Man müsse auch den starken Verkehr in Paris in Rechnung stellen. Es könnte sein, dass der Hinweis auf das abendliche Verkehrschaos an diesem Tag der einzige Punkt bleiben wird, bei dem die französischen Gastgeber zustimmend nicken.

Schlimmer war nur noch der Auftritt eines angelsächsischen Finanzmannes, der seinem französischen Partner den Vorschlag machte, sich um 8:00 Uhr morgens zu einem Arbeitsfrühstück zu treffen. Es gebe wichtige Themen zu behandeln und da sollte man zeitig beginnen. Er bekam zur Antwort, er möge doch besser bereits um 7:00 Uhr bei ihm vorbeischauen. Dann könne man schon mal gemeinsam duschen.

Ich habe mich in meiner Amtszeit viel in Frankreich engagiert. Zum einen weil ich glaube, dass wir den aufkommenden globalen Wettstreit als Europäer nur gemeinsam bestehen können und dabei Frankreich und Deutschland eine führende Rolle zu spielen haben. Und zum anderen weil Siemens in unserem Nachbarland unterrepräsentiert war und, zugegebenermaßen auch wegen der starken einheimischen Konkurrenz, einen miserablen Marktanteil aufwies. Das wollte ich in dem wichtigen Industrieland Frankreich ändern.

Die Verhältnisse, auf die ich dabei traf, waren ganz anders als die, die ich 1960 nach dem Abitur bei meiner ersten Reise nach Paris erlebt hatte. Die damalige mehrtägige Fahrt mit dem Bus von Erlangen in die französische Hauptstadt war von der Bundesregierung gesponsert und vom Allgemeinen Studentenausschuss (AStA) organisiert worden. Es folgten fröhliche Begegnungen mit jungen Franzosen, interessante Vorträge und beeindruckende kulturelle Veranstaltungen.

Nur eine Fahrt mit der U-Bahn ließ uns junge Leute damals sehr nachdenklich werden. Wir waren wohl zu laut in unserer auf Deutsch geführten Unterhaltung zugange, als uns ein gut gekleideter Franzose sehr höflich ansprach und sagte, wir möchten bitte aufhören, auf Deutsch zu reden, er ertrage das nicht. Wir verstummten einigermaßen verstört, denn wir schrieben das Jahr 1960, und die deutsche Besatzung und das Kriegsende lagen schon lange zurück.

Bei meinen späteren Auftritten in Frankreich war von solchen Vorbehalten nichts mehr zu spüren. Ich wurde – mit Unterstützung von Bundeskanzler Gerhard Schröder – sogar in ein hochrangiges, zumeist mit Franzosen besetztes Beratungsgremium beim Premierminister berufen, in dem es um die Förderung von ausländischen Investitionen in Frankreich ging. Eines Tages kam ein dezenter Hinweis aus der französischen Botschaft bei uns im Unternehmen an, man wolle mir einen französischen Orden verleihen. Aus der Sache wurde dann nichts. Siemens war kurz nach dem Anruf mit dem französischen Konkurrenten Alstom heftig aneinandergeraten. Durch eine wohl etwas überzogene Stellungnahme der Juristen bei der europäischen Wettbewerbsbehörde in Brüssel zu einer von Alstom beabsichtigten Akquisition kam es zu einer Eskalation in dem ohnehin angespannten Verhältnis. Die französische Botschaft kam dann nie mehr auf die angekündigte Ordensverleihung zurück. Verständlich, aber auch nicht gerade elegant.

Bei unseren französischen Nachbarn ist es angeraten, sich genug Zeit zu nehmen, wenn man etwas erreichen will. Es hilft, über die französische Kultur und die französische Politik Bescheid zu wissen, vielleicht auch etwas vom französischen Sport, insbesondere vom Fußball, verstehen. Immerhin waren die Franzosen Welt- und Europameister mit einer Multikulti-Mannschaft. Und der französische Vorzeigeklub Paris Saint-Germain hat zwar reiche arabische Geldgeber, aber beschäftigte einen deutschen Trainer.

In den Gesprächen spielen Zwischentöne eine große Rolle. Franzosen äußern sich selten direkt. Vieles wird in Nebensätzen verpackt, deren Tragweite der Zuhörer nicht immer gleich erkennt, manchmal einfach überhört. Man darf auch nicht darauf bestehen, beim ersten Treffen ein großartiges Ergebnis zu erzielen. Wichtig ist, flexibel zu bleiben, Geduld zu haben und sich der Situation anzupassen.

Wenn man in Frankreich auftritt, sollte man vielleicht an die bereits zitierte Aufforderung von Bundeskanzler Helmut Kohl denken, den Franzosen mit Respekt zu begegnen und auch nur den Anflug von Überlegenheit zu vermeiden, eine Eigenschaft, die uns Deutschen ohnehin unterstellt wird. Uns vor der französischen Flagge zu verbeugen wird nicht erwartet, schon gar nicht zweimal. Das bleibt den Politikern vorbehalten.

WENIGSTENS DAS WETTER PASSTE

Wenn die Vorbereitung auf eine Rede in England ansteht, fehlt nie der Hinweis, es sei gut und angebracht, gleich zu Beginn einen kleinen Scherz über das englische Wetter einzustreuen. Obwohl zu diesem Thema schon alles gesagt ist, lösen entsprechende, meist leicht sarkastische Bemerkungen doch immer wieder Heiterkeit aus.

Ich hatte einmal die Ehre, in Anwesenheit von Königin Elisabeth II. und Prinz Philip bei der Eröffnung einer hochmodernen Halbleiterfabrik in North Tyneside im Nordosten Englands zu sprechen. Zehn Minuten waren mir zugestanden. Die Rede wurde im Entwurf mit dem Buckingham Palast abgestimmt. Einige Minuten entfielen auf die Schilderung der Höhen und Tiefen des englischen Wetters, einige weitere auf die Gratulation zur goldenen Hochzeit des Königspaars. Ich hatte bei der Vorbereitung gezögert, ob die Erwähnung dieses sehr persönlichen Ereignisses durch einen Ausländer bei einem solchen offiziellen Anlass angemessen sei, aber sie war durchaus willkommen. Und etwa fünf Minuten waren für die Schilderung der Milliardeninvestition in eine Chip-Fabrik reserviert, die an Ort und Stelle errichtet wurde und mit Ausbildung und Training von über 1000 Fachkräften verbunden war. Alles zusammen ein Großereignis für die Medien. Auch das Wetter spielte mit, der übliche befürchtete Regen blieb uns erspart.

Die knappe Redezeit stellte sich später als ein Segen heraus, denn die Fabrik musste mit den vielen hoch qualifizierten Arbeitsplätzen, die sie mit sich bringen sollte, nur ein gutes Jahr später wieder geschlossen werden, bevor sie richtig ins Laufen gekommen war, weil das Management des zuständigen Bereichs – es hatte während der Errichtung gewechselt – plötzlich keine geeigneten Produkte in seinem Portfolio fand, die man in North Tyneside hätte produzieren können. Nach dem großen Widerhall, den die Ankündigung der Investition zuvor in der nationalen und internationalen Presse gefunden hatte, verbunden mit eindrucksvollen gemeinsamen Bildern mit der Queen, sogar im deutschen Fernsehen, war das eine schmerzliche Niederlage, die bei Siemens auch große finanzielle Verluste zur Folge hatte.

In England wurde der Vorgang eher gelassen zur Kenntnis genommen. Als ich den damaligen englischen Premierminister John Major anrief, um ihm die schlechte Botschaft zu übermitteln, folgte als einzige Reaktion die Frage, ob wir uns schon einen sozialen Ausgleich für die nun zu entlassenden Mitarbeiter überlegt hätten, was ich natürlich bejahte. Die Schließung der Fabrik hat dem Ruf von Siemens im Land auch nicht nachhaltig geschadet.

Engländer sind im Allgemeinen sehr pragmatisch. Ratschläge, wie ihnen in Verhandlungen zu begegnen ist, sind selten anzutreffen. Das kann nicht daran liegen, dass es in England keine wichtigen Geschäfte für die Deutschen gäbe. England ist zweifellos ein bedeutender Wirtschaftspartner für unser Land. Und wird es auch nach dem Brexit bleiben. Es hängt eher damit zusammen, dass sich in Verhandlungen mit Engländern nicht so viele Besonderheiten ergeben, wie das in anderen Ländern der Fall ist.

Die Engländer sind bei geschäftlichen Themen sachbezogen und konstruktiv. Sie sind in ihrem Auftreten auch weniger direkt und größtenteils höflicher, als wir es von unseren Geschäftspartnern im eigenen Land gewöhnt sind. Ein Widerspruch und eine Ablehnung werden im Allgemeinen gut verpackt. Aussagen werden im Gespräch häufig abgeschwächt und mit einem kleinen Füllwort wie »vielleicht« oder »es könnte sein« versehen und klingen dadurch weniger dramatisch. Man sagt auch, »sorry« sei das liebste Wort der Engländer. Höflichkeit schafft eine gute Atmosphäre, hält aber Menschen, das sollte nicht vergessen werden, auch auf Distanz.

Dass die Briten bei der Begrüßung nicht gerne die Hände schütteln, ist nicht neu und nicht den Distanzregeln von Corona geschuldet, sondern ganz einfach für uns Deutsche eine gewöhnungsbedürftige Landessitte. Wir müssen leider auch akzeptieren, dass selbst ein nur leichter deutscher Akzent im Englischen nicht charmant, sondern eher hart klingt.

Die englische Zurückhaltung und eine nicht geglückte Reaktion darauf können aber auch zu peinlichen Situationen führen. Ich hatte einmal den Vorstandsvorsitzenden eines großen Unternehmens in London zum Abendessen eingeladen. Wir sprachen über die Möglichkeit, von diesem Unternehmen eine wichtige Geschäftseinheit zu kaufen. Während des Dinners, dessen Qualität das althergebrachte Vorurteil, das Essen sei in England immer schlecht, klar widerlegte, fragte mich mein Gast, ob er sich noch ein zweites Glas Wein bestellen dürfe. In meinem Redeeifer hatte ich nicht auf einen ordentlichen Nachschub geachtet, der Ober leider auch nicht. Ich wäre vor Scham bald im Erdboden versunken.

Aus dem Projekt wurde damals nichts, weil die Engländer zwar in ihrer Bilanz ordentliche Ergebnisse gezeigt, also vordergründig gut und profitabel erschienen, aber auf der anderen Seite ihre Rückstellungen für Pensionslasten, gegenwärtige und zukünftige, sträflich unterdotiert hatten. Als er dessen gewahr wurde, hat unser Finanzchef, Heinz-Joachim Neubürger, ein mit dem angelsächsischen Umfeld und Finanzgebaren bestens vertrauter Fachmann, die Hände über dem Kopf zusammengeschlagen und entschieden von weiteren Aktionen abgeraten, solange die Zahlung von zukünftigen Pensionen derartig schlecht abgesichert sei. Wir würden unser blaues Wunder erleben, so erklärte er uns, wie energisch man in die vermeintlich »deep pockets« eines ausländischen, internationalen Unternehmens hineinlangen würde, wenn es erst einmal das Kommando übernommen hätte.

Eine besondere Herausforderung stellten die regelmäßigen Besuche in der Londoner City bei den einflussreichen Vertretern der großen Fonds dar, die schon mal einige Millionen Aktien eines Unternehmens im Portfolio halten. Es ist gut, sich gleich zu Beginn einer Präsentation von dem Gedanken frei zu machen, dass die meist deutlich jüngeren Gesprächspartnerinnen und -partner einen Betrieb auch nur von einer Betriebsbesichtigung her kennen würden. Dafür sind sie versiert in Finanzfragen und wissen über die Kennzahlen des Unternehmens und seine Strategie sowie über die der Konkurrenten gut Bescheid.

Die »Buyside« – jene, die die Dispositionen am Aktienmarkt vornehmen, also wirklich Aktien kaufen und verkaufen, zum Beispiel die Vertreter von Pensionsfonds oder Investmentfonds – zeigen bei Unternehmenspräsentationen kaum eine Regung, stellen aber schon mal kluge Fragen. Die anderen Analysten repräsentieren die »Sellside«. Sie geben Empfehlungen zum Kauf oder Verkauf von Aktien und veröffentlichen meist kritische Berichte, die für das Management mitunter wie Schulnoten wirken und auf die häufig auch in Presseartikeln Bezug genommen wird.

Bei den Präsentationen empfiehlt es sich, ein durchaus selbstbewusstes Auftreten an den Tag zu legen. Bescheidenheit und Zurückhaltung können schnell als Schwäche und Unsicherheit ausgelegt werden. Ich hatte einmal von einer mir wohlgesonnenen Finanzanalystin nach einem meiner Auftritte, den ich für gelungen hielt, der es aber offenbar nicht war, die Empfehlung bekommen, schon bei meiner Wortwahl etwas präziser zu sein. Bei solchen Gelegenheiten verrate es Unsicherheit, wenn ich von Optimismus bezüglich einer von mir in Aussicht gestellten positiven Entwicklung spräche. »I am optimistic«, sei nicht die richtige Ausdrucksweise. Es müsse heißen, »I am confident«, also nicht nur Optimismus, sondern wirkliche Zuversicht werde von mir erwartet, wenn ich mich zur Zukunft des Unternehmens äußern würde. Außerdem solle meine Körperhaltung ein etwas größeres Selbstbewusstsein ausstrahlen. Ratschläge, die sich als sehr nützlich erwiesen und die ich später nach besten Kräften befolgte, wobei ich zu vergessen versuchte, welche Lebens- und Verhaltensregeln mir von meinem Elternhaus mit auf den Weg gegeben worden waren.

Nicht so gern hörten es die angelsächsischen Finanzexperten, wenn man ihnen gegenüber auf Distanz ging und sagte: »You analyse, we manage.« Solche Bemerkungen machte man vorzugsweise nicht im direkten Gespräch, wenn man unnötige Konfrontation vermeiden wollte, sondern hob sie sich für ein anderes Publikum auf. Man konnte sicher sein, der Hinweis kam schon, wenn auch mit zeitlicher Verzögerung, bei der richtigen Stelle an.

Der Grat, auf dem ein Vorstand sich bei Präsentationen gegenüber der Öffentlichkeit insbesondere bei den »forward looking statements«, den zukunftsorientierten Aussagen, bewegt, ist freilich schmal. Ist man bei der Darstellung zukünftiger Entwicklungen zu vorsichtig, kann man das Ergebnis der Zurückhaltung kurz darauf am fallenden Aktienkurs ablesen und hat obendrein auch noch das eigene Portemonnaie und das von vielen Mitarbeitern beschädigt, weil der bei der Bemessung des eigenen Einkommens vereinbarte Bonus teilweise auch an den Kursentwicklungen der Aktie festgemacht wird. Wird aber zu dick aufgetragen, und es kommt dann anders, können Schadenersatzansprüche enttäuschter Aktionäre drohen, die schnell einen zur Klage ratenden Rechtsanwalt finden, der dann, das ist heute nicht unüblich, persönlich mit seinem Honorar vom Ergebnis der Klage profitiert und entsprechend motiviert ist.

Ein herausragender, aber am Ende leider gescheiterter Vertreter der Londoner City war Lord Arnold Weinstock, mit dem wir eine intensive Geschäftsbeziehung entwickelt hatten. Ich besuchte ihn regelmäßig in seinem beeindruckenden Büro in London, sprach mit ihm übers Geschäft, aber auch über sein teures Hobby, er war ein großer Pferdeliebhaber. In seinem Büro hingen übergroße Bilder seiner erfolgreichen, prächtigen Pferde an der Wand. Da ich von Pferden und Pferderennen nur wenig verstand, war ich in der Vorbereitung dieser Treffen immer auf Hilfe angewiesen, weil ich mich nicht durch unangebrachte Äußerungen blamieren wollte.

Einmal fand mein länger geplanter Besuch kurz nach dem tragischen Tod seines einzigen Sohnes statt, den er immer als seinen Nachfolger betrachtet hatte. Er wusste, dass ich ein Tennisfan bin, und bot mir spontan die Karten seines verstorbenen Sohnes für das wenige Tage später stattfindende Finale des Turniers in Wimbledon an. Ich solle doch dazu meinen Sohn mitnehmen. Man weiß in einem solchen Augenblick nicht recht, wie man reagieren soll. Ich nahm die Einladung des tief bewegten Mannes an und dankte ihm herzlich.

Lord Weinstock war später in seinen finanziellen Dispositionen nicht vom Glück begünstigt. Während der turbulenten Zeiten der New Economy folgte er Vorschlägen zu einem aggressiveren Vorgehen, die er von Finanzberatern erhielt, die damals auf den Finanzmärkten Hochkonjunktur hatten. Er investierte heftig in Telekom-Unternehmen. Allerdings setzte er dabei zur Bezahlung der Akquisition nicht die damals überall inflationierten Aktien seiner eigenen Unternehmen ein, sondern bezahlte bar. Als die New Economy einbrach, war das Geld weg. Andere waren da klüger gewesen. Sie mussten nur, auch das war schmerzhaft, ihre Bilanzen durch Abschreibungen berichtigen, cash-relevant wurden diese notwendigen Bereinigungen dann aber wenigstens nicht. Es gab für sie auch exorbitante Verluste, aber eben nur auf dem Papier und nicht in der Kasse.

Zuvor hatte er mir einmal den Rat gegeben: »Heinrich, geh nie in eine Fabrik. Da wirst du emotional, wenn du die dort arbeitenden Menschen siehst. Dann kannst du niemals mehr einer Fabrikschließung zustimmen.« Ich habe nicht gefragt, ob seine Bemerkung ernst gemeint war. Aber irgendwie passte sie zu dem, was man in der Londoner Finanzwelt erleben konnte. Shareholder Value, also der Nutzen für die Aktionäre, wurde großgeschrieben. Andere am Wirtschaftsleben Beteiligte, Stakeholder, das sind in erster Linie die Arbeitnehmer, spielten keine oder zumindest nur eine untergeordnete Rolle. Aber darauf komme ich noch zu sprechen.

PLÖTZLICH LAGEN DIE FÜSSE AUF DEM TISCH

Ich gehöre noch zu der Generation, die ihre erste Erfahrung mit Amerikanern in ihrer Kindheit gemacht hat und deren Einstellung zu den USA in dieser Zeit zum ersten Mal geprägt wurde – und zwar positiv. Das war gar nicht so selbstverständlich, denn wir hatten als Kinder auch schlimme Nächte im Luftschutzkeller verbracht. Doch die Bomben fielen nicht auf meine Heimatstadt Erlangen, sondern gezielt auf das zwanzig Kilometer entfernte Nürnberg, den Ort der Reichsparteitage. An den Blick von unserem Dachboden, auf den mich meine Mutter geführt hatte, auf den weit sichtbaren Feuerschein über der größtenteils zerstörten Stadt habe ich heute noch vor Augen, auch wenn ich damals erst vier Jahre alt war.

In Erlangen hatten wir gleich nach Kriegsende eine amerikanische Besatzung. Für die Offiziere waren Häuser in dem Stadtteil beschlagnahmt worden, in dem wir wohnten. Ich erinnere mich an zuvorkommende Ehefrauen der Offiziere, die mit ihren großen amerikanischen Autos immer ganz vorsichtig vorbeifuhren, wenn wir auf der Straße spielten. Meine erste Banane bekam ich von einem amerikanischen Soldaten aus der Nachbarschaft geschenkt.

Sie hat mir nicht besonders geschmeckt, weil ich nicht wusste, wie man sie schält. Und als ich einmal nach einem Sturz mit blutenden Knien am Straßenrand saß und bitterlich weinte, tröstete mich eine amerikanische Offiziersfrau und brachte mich zu meinen Eltern, die einen Schrebergarten mit viel Gemüse ein paar Hundert Meter von unserer Wohnung entfernt bewirtschafteten.

Es dauerte dann vielleicht dreißig oder noch mehr Jahre, bis ich die ersten ernsthaften Verhandlungen in Übersee zu bestreiten hatte. Mein Eindruck war, dass die Amerikaner grundsätzlich in der Verhandlungsführung besser geschult sind als wir Deutschen. Mich hat immer die amerikanische Form des Widerspruchs beeindruckt. Wenn ein Amerikaner zu uns sagte: »I understand you«, dann sollten alle Warnleuchten blinken. Ich habe jedenfalls diesen Satz anfangs missverstanden und gedacht, mein Gesprächspartner stimmt mir tatsächlich zu.

Das war aber weit gefehlt. Mein Gegenüber gab mir lediglich das Gefühl, mich als Person akzeptiert und meinen Standpunkt verstanden zu haben. Meine Ansicht zu einem bestimmten Thema teilte er mit dieser Einlassung jedenfalls nicht. Die Äußerung »I understand you« ist ein mehr oder weniger freundlicher Widerspruch, die Freundlichkeit ist abhängig von der Tonlage.

Meine generelle Erfahrung war, man kann mit Amerikanern sehr direkt sein. Nicht unhöflich natürlich, aber eine klare Ausdrucksweise schadet nicht. Da steht auch nicht gleich das Thema Gesichtswahrung im Raum, wie das zum Beispiel in asiatischen und arabischen Ländern der Fall ist. Wenn man sich nicht gleich einigen kann, dann ist das zunächst kein Beinbruch, die Verhandlungen bleiben eben zunächst in wesentlichen Punkten offen. Am

Ende gibt es eine Liste solcher noch ungelöster Fragen und über die wird in einer Schlussrunde noch einmal verhandelt, hoffentlich dann mit für beide Seiten akzeptablen Kompromissen.

Aber es kann mit Amerikanern auch sehr heftig werden. Als ich noch für kaufmännische Themen bei Siemens Power, der Kraftwerksseite, verantwortlich war, musste ich in New York längere Verhandlungen über eine nicht allzu große Akquisition einer Tochterfirma einer sehr bedeutenden amerikanischen Ölfirma führen. Alles schien ganz gut zu laufen. Wir waren nicht mehr weit von einer Einigung entfernt, da kippte plötzlich die Stimmung. Mit unserer letzten Forderung auf einen finanziellen Ausgleich wegen irgendeines Risikos, das wir nach dem Stand der Verhandlungen tragen sollten, aber nicht tragen wollten – mein Kollege von der technischen Seite war auch ganz forsch –, hatten wir wohl ein wenig überzogen. Nach dem für uns guten Verlauf der Diskussionen hatten wir Oberwasser bekommen und waren zu siegessicher gewesen. Wie ich von manchem gewonnenen Tennismatch wusste, war das die beste Voraussetzung für die nächste Niederlage.

Da legte unser amerikanischer Counterpart unvermittelt die Füße auf den Verhandlungstisch, über Kreuz und direkt vor mein Gesicht, was zu dem holzgetäfelten Raum und der prächtigen Tischplatte so gar nicht passen wollte. Ich sehe heute noch seine Schuhsohlen vor meinen Augen. Sie hatten nämlich Löcher. Er saß in Hemdsärmeln, schnalzte mit den Hosenträgern und rief höchst erregt zu den Mitstreitern auf seiner Seite: »You are flogging a dead horse.« Sprang auf und verließ mit seiner Delegation den Verhandlungsraum. Wir blieben mit »dem ausgepeitschten, verendeten Pferd« und abgebrochenen Verhandlungen konsterniert zurück.

Am Abend und am nächsten Tag beschäftigten wir uns damit, ein Papier zu verfassen, in dem wir unser Verhalten rechtfertigten und das wir unserem Vorstand nach unserer Rückkehr vorlegen wollten. Wir waren nämlich mit dem klaren Auftrag in die USA gefahren, die Akquisition unbedingt zu einem erfolgreichen Abschluss zu bringen, weil sie den lange ersehnten Zutritt zum amerikanischen Markt auf einem damals wichtigen Arbeitsgebiet bedeutete. Also eine delikate Situation, weil wir erklären mussten, warum der Deal an einer Kleinigkeit gescheitert war. Wir standen unter Druck.

Der nächste Tag verging, und nichts passierte. Dann meldete sich ein Quasi-Neutraler und gab sich als besorgter Vermittler aus. Wir kannten ihn gut. In Wirklichkeit kam er im Auftrag der amerikanischen Seite. Wir seien doch gar nicht so weit auseinander, ließ er uns wissen. Wir sollten doch noch einmal versuchen, uns zu einigen. Es gebe bestimmt noch Spielraum für eine Lösung. Wir stimmten mit verstohlener Freude zu, ließen uns aber unsere Erleichterung über diesen höchst willkommenen Vorstoß nicht anmerken.

Am folgenden Tag erschienen die Amerikaner wieder in unserem Büro und waren wie verwandelt. Der Verhandlungsführer der anderen Seite war, wie gewohnt, von vier Juristen umgeben. Einer war sein persönlicher Berater, einer kam aus dem Unternehmen, das verkauft werden sollte, der dritte aus der Muttergesellschaft, also vom eigentlichen Verkäufer, und der vierte fungierte als externer Aufpasser für die anderen drei.

Wir hatten zuvor Tage einer unerträglichen Haarspalterei erlebt. Die vier Anwälte, die sich gegenseitig in ihrer obstruktiven Haltung überboten, hatten uns fast zum Wahnsinn getrieben. Plötzlich war alles ganz anders. Es zeigte sich, dass wir es mit bestens qualifizierten Fachleuten zu tun hatten. Sie legten im Eiltempo neu verfasste Texte vor, einer sachdienlicher und fairer als der andere. Wir kamen schnell voran und erzielten einen guten Kompromiss.

Was war der Grund für diesen Sinneswandel? Unser Counterpart war in einer mindestens genauso schwierigen Situation wie wir. Er hatte von seinem Topmanagement auch klare Vorgaben und sollte den Verkaufsprozess nicht zu einer Hängepartie werden lassen. Weitere Verzögerungen konnte er sich nicht leisten. Einen Tag später war aber Thanksgiving, und da wollen die Amerikaner bekanntlich bei ihrer Familie zu Hause sein. Es war also Eile geboten. Und nun lief alles wie am Schnürchen.

Von den mir entgegengestreckten Füßen auf dem Tisch blieb ich allerdings beeindruckt. Ich habe amerikanische Kollegen gefragt, wie wir uns in diesem Moment hätten verhalten sollen. Sie meinten, es war richtig, gelassen zu bleiben, sich keinen Ärger anmerken zu lassen und so keine schwer überwindbaren Hürden für eine Wiederaufnahme der Verhandlungen zu schaffen. Wir hatten also instinktiv richtig reagiert. Aber eigentlich nur, weil wir so perplex waren, dass wir einfach nicht wussten, was wir anderes hätten tun sollen, als einfach sitzen zu bleiben und den Abzug der Amerikaner zu beobachten. Unseren Vorschlag zur Vertragsergänzung, der die heikle Situation heraufbeschworen hatte, abzuschwächen oder gar zurückzunehmen, wäre jedenfalls nicht klug gewesen.

Wie so häufig hatte es sich bewährt, Emotionen unter Kontrolle zu halten und eine plötzlich eintretende Situation nicht unbedacht noch weiter eskalieren zu lassen. Auch wenn im geschilderten Fall die offenbar richtige Reaktion weniger aus einer kühlen Überlegung, sondern eher aus Verlegenheit erfolgte.

»MITARBEITER IN DIE POLITIK«

Mein beruflicher Weg wäre ganz anders verlaufen, wenn nicht just in der Woche vor der Entscheidung, wer in unserem heimischen Wahlkreis 1976 zum Bundestagskandidaten der CSU berufen werden sollte, der einflussreiche Erlanger Stadtrat und ausgewiesene Mittelständler Georg Frank eine Herzattacke erlitten hätte, die ihn überraschend zu einem mehrtägigen Krankenhausaufenthalt zwang. So konnte er an der entscheidenden Kür des Kandidaten im Gasthof Rotes Ross in Heroldsberg in der Nähe von Nürnberg nicht teilnehmen. Am Ende fehlte mir zu einer erfolgreichen Kandidatur eine Stimme. Georg Frank, der ein verlässlicher Freund war, meinte damals nach seiner Genesung, die eine Stimme hätte er bei seinen mittelständischen Freunden im Landkreis Erlangen-Höchstadt und Nürnberger Land – daher kam die Mehrheit der stimmberechtigten Delegierten – wahrscheinlich mit guten Argumenten »absichern« können.

Die Niederlage in Heroldsberg hatte auf meine Tätigkeit als Syndikus in der Rechtsabteilung keine negative Auswirkung. Niemand nahm mir übel, dass ich versucht hatte, einen ganz anderen Weg, nämlich den in die Politik einzuschlagen. Im Gegenteil: Ich wurde ein paar Tage später überraschend zum Finanzvorstand von Siemens und späteren Vorsitzenden des Aufsichtsrats, Heribald Närger, nach München gerufen. Es ging in dem Gespräch darum, ob nach der gescheiterten Direktkandidatur vielleicht ein mehr oder weniger sicherer Platz auf der Landesliste der CSU für mich angestrebt werden sollte. Eine solche Möglichkeit habe ich aber nicht weiterverfolgen wollen. Denn ein über einen Listenplatz erreichtes und ein direkt vom Wähler errungenes Mandat sind doch sehr unterschiedlich zu bewerten. Eine Politikerkarriere baut man, das war meine Überzeugung, besser auf einer erfolgreichen Direktwahl auf. Heribald Närger akzeptierte meine Argumente und trug mir die Absage nicht nach. Er war Vorsitzender des Aufsichtsrats, als ich gut zwanzig Jahre später von diesem Gremium zum Vorstand und dann zum Vorstandsvorsitzenden ernannt wurde.

In späteren Diskussionen mit Politikern in Bonn und Berlin, übrigens aller Couleur – auch der mir gegenüber wegen unseres Engagements in der Kernenergie nicht unbedingt positiv eingestellten Grünen –, habe ich oft halb im Scherz, halb im Ernst gesagt: »Nach meiner Erfahrung ist es leichter, Vorstandsvorsitzender bei Siemens zu werden als Abgeordneter des Deutschen Bundestags.« Das erwies sich als eine nette Eröffnung von Gesprächen und Vorträgen und hat meistens allgemeine Heiterkeit erregt.

Zusätzlich habe ich bei diesen Anlässen auch gerne darauf hingewiesen, dass ich in meiner 18-jährigen Tätigkeit als gewählter Stadtrat in meiner Heimatstadt Erlangen auch bei mehreren Wahlkämpfen persönlich aktiv war und daher gut wisse, wie man sich fühlt, wenn man um 6:45 Uhr am Werktor oder Büroeingang steht, Flugblätter verteilen will und nur ein müdes Lächeln erntet oder gar eine schroffe Zurückweisung von den zu ihrem Arbeitsplatz eilenden Beschäftigten erfährt.

Natürlich hat sich auch nach der Beendigung meiner Tätigkeit als Stadtrat, die fast zeitgleich mit meiner Ernennung zum Siemens-Vorstand erfolgte, immer wieder die Frage gestellt, inwieweit es zweckmäßig, vielleicht sogar geboten ist, sich in den politischen Entscheidungsprozess einzubringen. Eines lernt man dabei schnell: Wie andere Menschen auch mögen Politiker keine öffentlichen Ratschläge oder gar Forderungen aus der Wirtschaft, bei denen mitunter zu erkennen ist, dass in der Abarbeitung an Politikern auch das eigene Profil des »Ratgebers« geschärft werden soll, und obendrein nicht verborgen bleibt, dass die Einwürfe häufig sehr interessengeleitet sind. Noch dazu, wenn die Adressaten diese aus der Presse und nicht in einem direkten Gespräch erfahren.

Wenn man in der Politik mit Sachargumenten durchdringen will, sucht man besser den persönlichen Kontakt in einem möglichst kleinen Kreis. Da findet man am ehesten Gehör, besonders wenn man vermeidet, belehrend aufzutreten. Für einen Politiker kann es höchst unangenehm werden, wenn in der Öffentlichkeit der Eindruck entsteht, er habe sich bei seinen Entscheidungen von Einflüsterern leiten lassen, die bestimmten Interessengruppen zuzuordnen sind.

Es bringt auch nichts, in die offene Konfrontation mit Politikern zu gehen, weil das nur die Fronten verhärtet und die andere Seite vermeiden muss, bei öffentlichen Auseinandersetzungen als Verlierer dazustehen. Wenn es doch einmal notwendig erscheinen sollte, klare Kante zu zeigen, agiert man besser über einen der

Verbände und hält sich selbst im Hintergrund. Ihre Aufgabe ist es, die Interessen ihrer Mitglieder wahrzunehmen. Sie können Anliegen deutlicher formulieren, weil ohnehin bekannt ist, wofür sie stehen und wen sie vertreten.

Mein Eindruck war, dass Argumente, zum richtigen Zeitpunkt und bei der richtigen Gelegenheit vorgetragen, eine gute Chance hatten, gehört zu werden. Wenn man zum Beispiel mit der tüchtigen und sehr einflussreichen Büroleiterin von Bundeskanzler Helmut Kohl, Juliane Weber – die Frau mit einer riesigen Sammlung von Miniatur- und Plüschelefanten auf dem überdimensionalen Schreibtisch –, einen Termin verabreden konnte, dann begann das Treffen meistens mit längeren, zugegebenermaßen auch sehr interessanten Ausführungen des Bundeskanzlers zu Fragen, die ihn bewegten. Man musste geduldig auf die Chance warten, wenigstens ein oder zwei Themen zur Sprache zu bringen, die man vorbereitet hatte, denn die Redezeit war meistens 80 zu 20 Prozent zugunsten des Hausherrn verteilt. Wobei man aber nie das Gefühl vermittelt bekam, Kohl würde nur zu einem kurzen Treffen zur Verfügung stehen und seinen Gast schnell wieder loswerden wollen. Außerdem war er immer bemerkenswert pünktlich, nahm während des Termins nie ein Telefongespräch an und erzählte sozusagen außerhalb der Tagesordnung Dinge, die man andernorts so nicht erfahren konnte.

Einmal, das war eine Sternstunde, wurde ich zusammen mit meiner Frau und meinem damals noch sehr jungen Sohn Stephan an den Wolfgangsee im Salzkammergut eingeladen, das langjährige Urlaubsdomizil des Bundeskanzlers und seiner Familie. Nachdem wir einen ausführlichen Bericht über die Historie des Salzkammerguts im Allgemeinen und über den Wolfgangsee im Besonderen erhalten hatten – Helmut Kohl war ein historisch interessierter und gebildeter Mann –, hörte er mir aufmerksam zu, als ich ihm erläuterte, wie man die Grundzüge unseres firmeninternen TOP-Programms auf die Politik übertragen könnte. Im Mittelpunkt unseres Programms stand eine Initiative zur Steigerung der Innovationskraft mit zahlreichen Projekten und unser Aufbruch nach Asien, mit speziellem Fokus auf China.

Beides gefiel dem Bundeskanzler offenbar sehr. Er wünschte sich von mir ein kurzes Papier mit der Zusammenfassung der Gedanken, das ich umgehend im Kanzleramt ablieferte. Es umfasste eine knappe Seite, weil ich befürchtete, dass eine ausführlichere Darstellung ungelesen bei einem Sachbearbeiter im Kanzleramt oder gleich in der Ablage landen würde. Das war dann zum Glück nicht der Fall. Kurze Zeit später berief Helmut Kohl einen hochkarätigen, nationalen Innovationsrat, in dem wir in einigen Sitzungen wichtige, übergeordnete Themen behandeln konnten, u.a. wie der schnellere Austausch von Daten über eine Datenaurobahn bewerkstelligt werden könnte. Erst als der Bundeskanzler die Betreuung des Innovationsrats nach einigen gelungenen Sitzungen einem seiner Minister übertrug, verlor das Gremium an Dynamik, vor allem weil die erste Garde der Industrie in der veränderten Konstellation nicht mehr zu den Treffen erschien.

Um dann als Gremium bei seinem Nachfolger Gerhard Schröder wiederbelebt zu werden. Mit Schröder war der Umgang einfacher. Man spürte nie irgendeine Distanz. Dass ich ein anderes Parteibuch hatte, störte ihn überhaupt nicht. Sekretärinnen pflegte er dadurch zu verblüffen, dass er direkt anrief und sich dabei einfach mit Schröder meldete.

Schröder war ein zwar spätberufener, aber umso leidenschaftlicher Tennisspieler. Spätberufen, weil er erst nach Abschluss seiner fußballerischen Zeit, die ihm aufgrund seines besonderen Kampfgeistes den Spitznamen »Acker« eingetragen hatte, auf dem Tennisplatz aktiv wurde. Er forderte mich zunächst zu einem Einzelspiel heraus, was er dann aber, nachdem er offenbar einige Erkundigungen eingezogen hatte, in Anbetracht seiner Spielstärke in ein Doppel umwandelte. Um sicherzugehen, brachte er zum Spiel in einer Halle in Hannover einen früheren deutschen Ranglistenspieler zu seiner Verstärkung mit. Doch da ich auch einen sehr versierten Partner zur Seite hatte, half ihm das nichts. Es folgte ein hart umkämpfter Sieg für uns, der vor allem den gewaltigen Aufschlägen meines die anderen um fast einen Kopf überragenden Kollegen zu verdanken war.

Am liebsten agierte Gerhard Schröder knapp hinter dem Netz und freute sich, wenn er dort schwache Returns der Gegenseite »versenken« konnte. Auch bei einem anderen Match in München musste er an der Seite des früheren bayerischen Finanzministers und langjährigen Präsidenten des Deutschen Tennisbundes, Georg von Waldenfels, gegen den Chefredakteur des *Focus*, Helmut Markwort, und mich kapitulieren. Die Niederlage war für den Bundeskanzler deshalb etwas schmerzhaft, weil das Spiel kurz vor Beginn des Endspiels um die Internationale Bayerische Meisterschaft auf einem vom Centercourt nicht weit entfernten, für das Publikum gut zugänglichen Nebenplatz stattfand und mit fortschreitender Spieldauer mehrere Hundert Zuschauer den schwitzenden Bundeskanzler entdeckt hatten. Auf den Rängen genoss man die dargebotene Unterhaltung. Darunter auch seine spätere Frau Doris Köpf, die beim anschließenden Mittagessen dazu beitrug, dass ein sehr anregendes Gespräch in Gang kam, bei dem, auch das ist bemerkenswert, politische Themen tabu waren.

Aus den beiden verlorenen Doppeln hat Schröder übrigens die Konsequenz gezogen, später zusammen mit mir auf derselben Seite des Netzes anzutreten, wobei die Auswahl nicht übermäßig starker Gegner auch zu unseren gemeinsamen Erfolgserlebnissen beitrug. Klar war auch, dass der jeweilige Gastgeber nach dem Match beim geselligen Abschluss für mehr als ein Glas guten Rotweins zu sorgen hatte.

Wenn es um wirtschaftliche Themen ging, war Gerhard Schröder ein guter Gesprächspartner. Er hörte aufmerksam zu, und die Agenda 2010, das große und wichtige, von Teilen seiner eigenen Partei zu Unrecht heftig kritisierte Reformprogramm, war sicherlich auch von solchen häufig mit den Chefs mittelständischer Firmen geführten Diskussionen beeinflusst, die ihm ihre Nöte plastisch schilderten.

Zu mir hatte er besonderes Vertrauen gefasst. Denn als nach der Bundestagswahl 2002 zwischen ihm und seinem knapp geschlagenen Kontrahenten Edmund Stoiber Eiszeit herrschte, meinte er, ich könne ihn doch zusammen mit Stoiber einmal unter absoluter Geheimhaltung zu einem privaten Abendessen zu mir nach Hause in Erlangen einladen. Er wollte wieder eine Gesprächsbasis mit Stoiber finden, dem einflussreichen Vorsitzenden der CSU und erfolgreichen bayerischen Ministerpräsidenten.

Statt von mir zusammen mit der Großfamilie an diesem Tag wie erwartet zur Feier ihres Geburtstags in ein nettes Restaurant ausgeführt zu werden, stellte meine Frau sich – ein anderer Termin war bei den viel beschäftigten Männern nicht zu finden – in die Küche und bereitete uns ein schönes Abendessen. Ihrer guten Geburtstagsstimmung tat es keinen Abbruch, dass sie bei uns dreien nur als Köchin und Servierkraft zum Zug kam, wenngleich sie bei der Begrüßung immerhin den obligatorischen Blumenstrauß in Empfang nehmen durfte. Dass eigentlich eine ganz andere Feier hätte stattfinden sollen, wussten die beiden Gäste allerdings nicht.

Ich sorgte für den vor allem von Gerhard Schröder geschätzten französischen Rotwein, dem auch der sonst in dieser Hinsicht eher als zurückhaltend charakterisierte bayerische Ministerpräsident ausgiebig zusprach und zu dem Schröder in seinem Buch *Entscheidungen. Mein Leben in der Politik*, in dem er die vereinbarte absolute Geheimhaltung des Treffens ignorierte, lobend bemerkte, er sei von mir »ungeachtet fränkischer Sparsamkeit kredenzt worden«.

An dem Abend kam ich kaum zu Wort. Ein Gespräch mit meiner Frau, bei anderen Gelegenheiten vor allem von Gerhard Schröder sehr geschätzt, kam über eine freundliche Begrüßung und spätere Verabschiedung hinaus auch nicht zustande. Von der Stimmung her mit der gegenseitigen fast physischen Umarmung der beiden Staatsmänner war das Treffen ein großer Erfolg. Vom konkreten Ergebnis her allerdings nicht ganz. Denn Stoiber lehnte später das an diesem Abend von Schröder gemachte Angebot, Präsident der Europäischen Kommission zu werden, nach längerer

Bedenkzeit ab, obwohl Schröder ihm die Unterstützung des französischen Präsidenten Jacques Chirac signalisiert hatte.

Mit Gerhard Schröder war es, wie gesagt, auch gelungen, den schon bei Helmut Kohl begründeten »Innovationsrat« wiederzubeleben. Es war klar: Der hohe Lebensstandard, den wir hierzulande genießen, ist auf Dauer nur zu sichern, wenn wir mit technischen Spitzenleistungen brillieren und Kunden auf der ganzen Welt bereit sind, dafür gute Preise zu bezahlen. Wer teuer ist, muss besser sein, und Innovation schafft Wohlstand. Das galt gestern, das gilt heute, und das wird morgen nicht anders sein.

Aber gerade als dann in dem Gremium und seinen sehr aktiven Arbeitsgruppen anspruchsvolle Zukunftsprojekte definiert waren und gestartet werden sollten, kam es zur Abwahl Schröders und damit auch zur Beendigung der mit großem Optimismus betriebenen Projekte. Damit war uns freilich auch erspart geblieben, uns die Köpfe über die notwendige Finanzierung der Vorhaben zu zerbrechen, was angesichts der damals angespannten Finanzlage noch sehr herausfordernd hätte werden können und worüber in der allgemeinen Technologiebegeisterung und der von Schröder mit erzeugten Aufbruchstimmung bis dahin niemand konkret gesprochen hatte.

Die neu gewählte Bundeskanzlerin Angela Merkel hat die Aktivität mit dem »Rat für Innovation und Wachstum« weitergeführt. Die Atmosphäre in dem auch diesmal exzellent besetzten Kreis war anders, etwas kühler, aber sehr sachbezogen und ebenfalls von der Behandlung anspruchsvoller Themen bestimmt, wobei die unter Schröder definierten und schon teilweise weit fortgeschrittenen Projekte leider nicht wiederaufgenommen wurden.

Wir hatten uns zum Beispiel schon damals, also vor fünfzehn Jahren, damit befasst, wie mit dem Aufbau »elektronischer Krankenhäuser« – heute würde man wohl von »Digitalisierung« sprechen – die Behandlung von Patienten effektiver und gleichzeitig kostengünstiger gestaltet werden könnte. Und mit der Einführung der »elektronischen Patientenakte« wollten wir die medizinische Versorgung auf ein fortgeschrittenes Niveau heben. Dabei sollte selbstverständlich der Schutz der Patientendaten durch eine unantastbare Anonymisierung gewährleistet werden. Aber gleichzeitig schien es auch gut vertretbar, dass kranken Mitbürgerinnen und Mitbürgern, die das öffentliche Gesundheitswesen ihres Landes in Anspruch nehmen, eine ethische Verpflichtung auferlegt werden könnte, ihre Daten – selbstverständlich in anonymisierter Form – solchen Menschen zugänglich zu machen, die auf Heilung hoffen und die von den bereits von anderen gemachten Erfahrungen profitieren würden.

Immer wieder erstaunte es, wie schnell die Bundeskanzlerin zu den unterschiedlichen technischen Fragestellungen schon nach kurzer Einführung und Diskussion ein professionelles und allseits beachtetes Statement abgeben konnte. Unterstützt wurde sie, wie das auch schon bei Schröder der Fall war, von den für das Thema Innovation zuständigen Ministerien. Edelgard Bulmahn war bei Schröder eine stets gut vorbereitete und sehr engagierte Teamplayerin gewesen, während Annette Schavan, die Bundesministerin für Bildung und Forschung in der neuen Regierung, bei allem zweifellos vorhandenen Sachverstand doch auch das Gefühl vermittelte, dass für sie auch die Ressortzuständigkeit von Bedeutung war.

Politische Entscheidungen fallen aber nicht nur auf der obersten Ebene, sondern auch in Gemeinderäten, Landtagen, politischen Arbeitskreisen, ja auch in Elternbeiräten und ähnlichen Gremien, im eigentlich vorpolitischen Raum. Zunehmend wichtig geworden sind zudem die Auseinandersetzung und die Meinungsbildung in den sozialen Medien, in denen eine breit gefächerte politische Diskussion geführt wird. Ich halte es deshalb für wünschenswert, dass sich wieder mehr Mitarbeiterinnen und Mitarbeiter aus der Wirtschaft im politischen und vorpolitischen Raum engagieren, nicht im Sinn von interessengeleiteter Lobbyarbeit, sondern dass sie sich mit dem durch ihre Ausbildung und Erfahrung erworbenen Sachverstand einbringen.

»Mitarbeiter in die Politik«, hieß einmal die Devise, nicht nur bei Siemens, sondern auch in anderen kleinen und größeren Unternehmen. Politische Tätigkeit war gewollt, wurde gern gesehen und von der Firmenleitung unterstützt, auch wenn Ausschusssitzungen im Gemeinderat in der regulären Arbeitszeit der Mitarbeiter stattfanden. Ein solches Engagement ist zeitaufwendig und angesichts manchmal umständlicher politischer Entscheidungsprozesse vielleicht in dem einen oder anderen Fall auch frustrierend. Aber es ist notwendig, damit das Gemeinwesen funktioniert. »Tua res agitur«, es geht um deine Sache, hieß es im alten Rom, und das gilt auch heute noch.

Als Nebenwirkung würde sich auch ein größeres Verständnis dafür einstellen, dass sich Abläufe selbst in einem Gemeinderat, aber noch mehr in der großen Politik nicht beliebig beschleunigen lassen und die Suche nach und das Finden von Kompromissen essenzieller Bestandteil einer lebendigen Demokratie ist. In der

Politik zählen Mehrheiten, und die sind manchmal angesichts divergierender Vorstellungen nur mühsam zu erreichen. Wer einmal solche Erfahrungen gemacht hat, geht mit der Kritik an politischen Verfahren und den dabei involvierten Personen sanfter um und übt größere Toleranz, wenn es mal nicht so schnell geht, wie er das von den Entscheidungsprozessen im eigenen Unternehmen (hoffentlich) gewohnt ist.

Inhaltliche Vorgaben darf man den Mitarbeiterinnen und Mitarbeitern bei ihrem politischen Engagement freilich nicht machen. Die eine aber schon: dass sie sich nur in solchen Parteien und Gruppierungen einbringen mögen, die auf dem Boden unserer verfassungsrechtlichen Grundordnung stehen.

DIE FAKTEN SOLLTEN SCHON STIMMEN

Man schrieb das Jahr 1997. Der damalige deutsche Außenminister Klaus Kinkel, mir aus vielen Gesprächen gut bekannt und ein engagierter Vertreter deutscher Wirtschaftsinteressen im Ausland, suchte für ein Doppel gegen den argentinischen Staatspräsidenten Carlos Menem, der demnächst zu einem Staatsbesuch in Bonn erwartet würde, und dessen Staatssekretär einen vierten Mann. Da meine Leidenschaft für das Tennisspiel bekannt war, fragte er mich, ob ich bereit sei mitzuspielen. Selbstverständlich sagte ich zu. Als das »internationale« Treffen anstand, wollte Kinkel mit mir zusammen gegen Menem und dessen argentinischen Partner antreten. Doch im Hinblick auf die Spielstärke oder besser gesagt »Spielschwäche« des prominenten Gastes schlug ich statt eines »Länderkampfes« ein gemischtes deutsch-argentinisches Doppel vor. So spielte ich an der Seite von Menem.

Der ehrgeizige argentinische Präsident konnte mit mir zusammen einen knappen Dreisatzsieg verbuchen, was der vorbildliche Sportsmann Kinkel als fairer Verlierer aufgrund der guten Stimmung, die dabei aufgekommen war, leicht verschmerzte: Außer einem gelegentlichen »It's your turn, Mr. President«, als dieser wieder einmal nicht wusste, wer mit dem Aufschlag an der Reihe war, wechselten wir kein Wort miteinander, geschweige denn ein geschäftliches. Nach dem Spiel verschwand Menem mit seinen Bodyguards wortlos und ungeduscht. Er musste wohl schnell zu einem anderen Termin.

Das Match hatte einige Jahre später – 2008 – im Rahmen der Korruptionsaffäre bei Siemens ein unerwartetes Nachspiel, bei dem ich unversehens auf die Verliererseite geriet. Das für seine angeblich präzisen Recherchen von vielen bewunderte Nachrichtenmagazin *Der Spiegel* verlegte dieses auf Wunsch von Klaus Kinkel zustande gekommene diplomatische, sportliche Treffen kurzerhand von Bonn nach Buenos Aires und behauptete, ich sei dazu mit dem Hubschrauber vom Dach eines Hotels in São Paulo nach Argentinien geflogen. Wohlgemerkt etwa 1700 Kilometer Luftlinie entfernt, eine Distanz, die selbst für einen amerikanischen Kampfhubschrauber nicht ohne Weiteres zu bewältigen gewesen wäre, noch dazu an einem Tag hin und zurück. Aberwitzig war da zu lesen, ich hätte gegen Menem ein Einzel absolviert und sei noch am gleichen Tag nach 3400 Kilometern Flug mit dem Helikopter wieder ins brasilianische Hotel zurückgekehrt. Untermalt wurde die glatte Lüge mit einem Foto »Menem–Pierer« mit dem Tennisschläger in der Hand vor dem Hintergrund der Silhouette von Buenos Aires.

Die Aufnahme war insofern »echt«, als sie in Bonn aufgenommen worden war. Kinkel, ursprünglich auch auf dem Bild zu sehen, war allerdings wegretuschiert worden. Mit diesem perfiden Manöver sollte der Eindruck eines privaten Tête-à-Tête auf dem Tennisplatz in der argentinischen Hauptstadt erzeugt werden. Das Dumme war nur, das vollständige Bild von Menem, Kinkel und mir war im *Spiegel* schon einmal einige Zeit vorher in ganz anderem Zusammenhang veröffentlicht worden, worauf mich meine aufmerksame Sekretärin Silvia Grass hinwies. Ich hatte es längst vergessen.

Die Intention der Fotomontage beziehungsweise der Fälschung war, mir einen schlimmen Deal mit Menem bei einem Privatissimum in Buenos Aires zu unterstellen, was in den damals laufenden Untersuchungen zur Korruptionsaffäre bei Siemens ein besonders ehrabschneidender und frei erfundener Vorwurf war. Das Motto von Rudolf Augstein, dem Gründer und Herausgeber des Magazins »Sagen, was ist«, klingt angesichts einer solchen Manipulation, die einem schier die Tränen in die Augen treibt, wie blanker Hohn. Was tut man in einer solchen Situation?

Meine einschlägige und langjährige Erfahrung war, dass man bei Auseinandersetzungen mit der Presse in der Regel nicht gewinnen kann.

Fast harmlos war in dieser Hinsicht mein Erlebnis auf einer Pressekonferenz, auf der ich eine etwas vorlaute und nicht gut überlegte Antwort auf eine provokative Frage einer Journalistin gegeben hatte. Sofort solidarisierte sich der überwiegende Teil der mehr als hundert nationalen und internationalen Journalistinnen und Journalisten mit der Kollegin, und die in der Folge gestellten Fragen wurden von Minute zu Minute aggressiver. Die Stimmung war gekippt. Ich konnte sie auch mit noch so viel Freundlichkeit nicht mehr einfangen. Die Lektion saß. Eine solche Ungeschicktheit ist mir später nicht mehr unterlaufen.

Pressekonferenzen habe ich im Übrigen gerne bestritten, weil der Dialog mit einer aufmerksamen und interessierten Zuhörerschaft einfach Spaß gemacht hat. Die Auftritte haben aus drei Teilen bestanden. Zuerst aus einer vorbereiteten Rede, zu der mir einmal ein erfahrener Journalist erklärte, ich solle doch bitte nicht (zu viel) extemporieren und von dem vorgelegten Text abweichen. Jede vom Text abweichende Bemerkung könne eine versteckte Botschaft enthalten, die, weil häufig schwierig zu interpretieren, zu unerwünschten Missverständnissen führen könne. Der zweite Teil bestand aus dem beliebten Frage- und Antwortspiel. Da kommt es auf Schlagfertigkeit, aber auch auf solide Kenntnisse des Geschäftes an. Bei gründlicher Vorbereitung konnte man die Zahl überraschender Fragen deutlich reduzieren, weil viele Themen »in der Luft lagen«.

Zum Abschluss folgte regelmäßig ein ausgiebiger »Kürteil«. Die aus dem Ausland angereisten Journalisten brauchten für den Bericht in ihrer heimischen Zeitung noch ein speziell auf ihr Land bezogenes Zitat zu den Siemens-Aktivitäten vor Ort. Bei der beachtlichen Zahl der vertretenen Länder war diese Aufgabe nur mithilfe eines sachkundigen Teams zu bewältigen, von dem ich mehr oder weniger unauffällig einen Zettel mit der richtigen Botschaft zugesteckt bekam, die ich dann in den bilateralen Interviews sehr zur Freude aller Fragesteller entsprechend unterbringen konnte. Alle waren zufrieden. Die Journalisten konnten ihre Reise mit einem interessanten und originellen Bericht rechtfertigen, und wir hatten etwas Gutes für unser weltweites Image getan. Mein Detailwissen wurde gelobt, und ich gab das Lob an die cleveren Mitarbeiterinnen und Mitarbeiter weiter.

Wesentlich unangenehmer waren die Auseinandersetzungen mit der *Süddeutschen Zeitung*, als die Untersuchungen um die

Korruptionsaffäre bei Siemens auf einen Höhepunkt zusteuerten. Wiederholten eindeutigen Falschmeldungen begegnete ich, unterstützt von dem in Presseangelegenheiten erfahrenen Münchner Anwalt Robert Schweizer, mit einstweiligen Verfügungen, um wenigstens eine kleine Chance zu haben, die Wahrheit ans Licht zu bringen, wohl wissend, dass das letztlich nicht viel helfen würde.

Zur mündlichen Verhandlung vor dem Gericht in München bin ich persönlich erschienen, was eher unüblich war. Mein Anwalt meinte damals, mit meinem Erscheinen könnte ich bekräftigen, wie sehr ich mich persönlich zu Unrecht angegriffen fühlte, und mit präzisen Aussagen zur Sache das Gericht beeindrucken.

Auch wenn ich in dem Verfahren obsiegte, hatten solche Erfolge keine nachhaltige Wirkung. Die von der Zeitung zu tragenden Kosten lösten offensichtlich keine große Betroffenheit aus. Man schaute eher auf die erfreuliche Auflagensteigerung, und die nächste Attacke ließ nicht lange auf sich warten. Vielleicht auch in der zutreffenden Erwartung, dass niemand, noch dazu wenn er im Rampenlicht steht, gerne zum Prozesshansel werden will und sich lieber damit tröstet, dass nichts älter ist als die Zeitung von gestern, und dass ein nach langer Verfahrenszeit endlich veröffentlichter Widerruf oder eine bei Gericht durchgesetzte Gegendarstellung die alte Geschichte nicht noch einmal aufgewärmt haben.

Wenn man in den Mainstream negativer Berichterstattung gelangt ist, wird es schwer, da wieder herauszukommen. Mir hat ein Korrespondent einer großen Tageszeitung, der später eine beachtliche Karriere als Pressechef eines großen, internationalen

Unternehmens gemacht hat und mir gegenüber grundsätzlich wohlwollend eingestellt war, einmal erklärt, er wisse, dass man manches auch anders sehen könne, als es gerade in den Medien ausgebreitet wird. Aber die Redaktionsleitung seines Blattes wolle positive, richtigstellende oder auch nur abmildernde Berichte nicht drucken. Und als eine andere Journalistin in dieser aufgeregten Zeit nach einer intensiven Recherche bei einer namhaften Illustrierten ein freundliches Porträt von mir ablieferte, hat man dieses in der Printausgabe nicht mehr veröffentlichen wollen, sondern nur online publiziert, was auf kein großes Interesse mehr stieß.

Wenn sich – berechtigte oder unberechtigte – Angriffe in der Presse häufen, macht man auch im Bekannten- und Freundeskreis bald unliebsame Erfahrungen. Die Zahl der »Freunde« schmilzt dahin, und aus Freunden werden leicht distanzierte Beobachter: »Es könnte ja was dran sein!« Und solange das nicht eindeutig geklärt ist, wird die Sache lieber aus der Ferne beobachtet. Wenn der Sturm sich dann gelegt hat, bekommt man freundliche Anrufe: »Ich wollte mich ja schon lange bei Ihnen melden usw.« – Anrufe, auf die man dann gerne auch verzichten kann. Wohl dem, der in solchen belastenden Situationen eine intakte Familie und wenigstens ein paar echte Wegbegleiter hat, die sich nicht beirren lassen und zu einem stehen. Aber wahrscheinlich sind die geschilderten negativen Erfahrungen der Preis, den man entrichten muss, je mehr man in den Mittelpunkt des öffentlichen Interesses gelangt ist.

Es ist, so glaube ich, ein guter Ratschlag, auf unliebsame Zeitungsartikel mit einer gewissen Gelassenheit zu reagieren. Diesbezüglich lässt sich von prominenten Politikern einiges lernen, die sich ein dickes Fell zugelegt haben. Bei der damaligen Lügengeschichte vom *Spiegel,* die nicht nur mich, sondern auch mein persönliches Umfeld sehr belastet hat, habe ich es aus heutiger Sicht mit der Gelassenheit freilich übertrieben. Ich hätte mich presserechtlich zur Wehr setzen und auf Unterlassung, Widerruf und Schadenersatz bestehen sollen. Lügen und offensichtliche Fälschungen sind durch die Meinungs- und Pressefreiheit nicht gedeckt. Aber ich war damals von den vielen Angriffen schon mürbe geworden und wollte, auch im Interesse meiner Familie, nur noch meine Ruhe haben. Das war ein Fehler.

Siemens war – dieser Eindruck hat sich bei mir im Laufe der Jahre festgesetzt – nie so richtig der Darling der Medien. Das lag schon an der schieren Größe des Unternehmens und seiner wirklichen oder nur vermeintlichen Macht, die zum Widerspruch herausforderte, noch dazu bei einer Presse, die ihre Aufgabe, was durchaus anzuerkennen ist, in der Regel in einer kritischen Haltung sieht und dabei, um die Dinge für den Leser auf den Punkt zu bringen, häufig zu einer Schwarz-Weiß-Darstellung greift.

Meine grundsätzliche Einstellung zur Presse war durch meine Tätigkeit als freier Mitarbeiter der *Erlanger Nachrichten,* meiner Heimatzeitung, beeinflusst, für die ich zwölf Jahre lang tagaus, tagein Berichte über Sportereignisse und, wenn möglich, auch über andere Veranstaltungen schrieb und mit dem Zeilenhonorar zuerst mein Taschengeld verdiente und dann mein Studium finanzierte.

Ich habe dabei eine Menge gelernt. Wie man zum Beispiel auch unter massivem Zeitdruck noch einen ansprechenden und inhaltsreichen Bericht formuliert. Wie man sich um eine korrekte Darstellung von Ereignissen bemüht und dabei einen persönlichen Kommentar von der Schilderung der Fakten trennt. Und nicht zuletzt mit welcher Freude kompetente Journalistinnen und Journalisten ihren Beruf ausübten, wenngleich bei nicht immer glänzender Bezahlung. Immer wieder war zu hören, Schreiben (von Artikeln) macht einfach Spaß. Das galt nach einiger Zeit auch für mich als freien Mitarbeiter.

Was die Belastung angeht, unter der die Redaktionsarbeit leidet, haben sich die Dinge im Verhältnis zu damals heute nicht verbessert. Auch sorgfältig und verantwortungsbewusst arbeitenden Journalistinnen und Journalisten – und von diesen habe ich im Inland sowie im Ausland viele kennengelernt – bleibt mitunter kaum genügend Zeit für eine gründliche Recherche. Hinzu kommt, dass der sich immer mehr verstärkende wirtschaftliche Druck das Leben in der Branche nicht leichter gemacht hat. »Jämmerlich klein« habe er sich manchmal angesichts des »PR-Dauergebläses« vor allem der großen Unternehmen gefühlt, sagte mir einmal sehr drastisch ein angesehener Wirtschaftsjournalist. Das habe vor allem dann gegolten, wenn die Firmen Agenturen für Public Relations eingeschaltet hätten, die mit gezielten Kampagnen helfen, die »richtigen Botschaften und Geschichten« ihres Auftraggebers der Öffentlichkeit zu vermitteln.

Auch bei Siemens haben wir uns einmal nach intensiver Diskussion entschlossen, eine solche international renommierte ausländische Agentur zu engagieren. Es war kein totaler Missgriff. Es brachte uns immerhin einen gut formulierten Meinungsartikel in der für die Wirtschaft wichtigen *Financial Times* ein. Mehr aber auch nicht, und die Preise der Agentur waren gesalzen. Da haben wir die Aktion bald wieder abgebrochen und auf unsere eigene Pressearbeit vertraut.

Bei Siemens verging kaum ein Tag, an dem nicht an irgendeiner Stelle ein kleines oder großes Feuer aufflackerte, was eifrige Journalisten zu schnellen Meldungen veranlasste. Dazu kam die zunehmende Flut von Online-Berichterstattungen. Lauter Erscheinungen, bei denen die Versuchung groß ist, Schnelligkeit vor Gründlichkeit zu stellen. Das gilt besonders dann, wenn der Journalist einer Tageszeitung für die normale Redaktionsarbeit und zugleich für den Online-Auftritt zuständig ist, den er wegen des scharfen Wettbewerbs in einem besonderen Eiltempo bewältigen muss.

Indiskretionen gab es natürlich auch. Besonders unangenehm war, wenn die interne Unternehmensplanung in einem bestimmten Magazin in schöner Regelmäßigkeit schon zu lesen war, bevor sie im Aufsichtsrat besprochen werden konnte. Wir haben uns geärgert, jedoch allen Ratschlägen widerstanden, rigidere Maßnahmen zu ergreifen, um einem offenbar über mehrere Jahre aktiven Maulwurf auf die Spur zu kommen. Unternehmen, die in ähnlichen Fällen bei ihren Nachforschungen weniger zimperlich verfuhren und sich rechtlich zweifelhafter Methoden bis hin zum Einsatz von Privatdetektiven bedienten, ist dieses Vorgehen, wie man lesen konnte, nicht gut bekommen. Aber bloße Appelle mit dem Ziel, die Übeltäter zur Einsicht zu bringen, verpuffen in der Regel ohne Wirkung. Und Journalisten zu kritisieren, die aus beruflicher Neugier handeln und aus dem verständlichen Bestreben, bei interessanten Meldungen die Nase vorn zu haben, erweist sich als wenig zielführend.

Bei solchen Gelegenheiten haben wir uns auch mit der Frage befasst, von welchen Motiven die Menschen geleitet werden, die diese für das Unternehmen ärgerlichen und diskreditierenden Aktionen starten. Geht es darum, eine besondere Art von Rache für erlittenes Unrecht auszuüben? Ist vielleicht Geld im Spiel, was nachhaltig bestritten wurde? Oder ist es einfach nur die heimliche Freude darüber, beim Lesen der morgendlichen Nachrichten zu erfahren, welche Wirkung man mit einer Meldung erzielt hat? Und darauf zu vertrauen, dass man als Informant nicht enttarnt wird und es nicht so dumm läuft wie bei Rumpelstilzchen, das sich im Überschwang beim Tanz vor der eigenen Höhle selbst verraten hat. Doch trotz noch so intensiver Erforschung der Beweggründe tappten wir bei unseren Recherchen im Dunkeln. Schade um die dabei investierte Zeit.

Wir haben jedoch nie versucht, und da stehe ich auch heute noch dazu, auf eine Zeitung oder ein Magazin durch eine Anzeigensperre Eindruck zu machen. Eine solche Maßnahme wird niemand, der die Pressefreiheit hochhält, gutheißen. Eine derartige Überreaktion kann einen Bumerangeffekt hervorrufen. Die Erfahrung lehrt: Bei einem Angriff auf eines ihrer Glieder reagiert die ganze Presse, auch wenn sich sonst Kolleginnen und Kollegen nicht immer grün sind, solidarisch in Verteidigung ihrer Freiheit und schlägt mit voller Wucht zurück. Mit unüberlegten und überzogenen Gegenmaßnahmen oder unbeweisbaren Beschuldigungen kann man die Situation nur noch verschlimmern. Es ist in aller Regel unmöglich, ein Leck aufzuspüren, und Journalisten berufen sich auf den vom Gesetz gewährten Schutz der Informanten. Es mag unter solchen Umständen schwerfallen, gelassen zu bleiben, aber es ist häufig das einzig richtige Rezept.

Kampagnen gegen das Unternehmen und gegen einzelne Spitzenmanager können auch von einer ganz anderen Seite initiiert werden. Man staunt schon, wenn man glaubhafte Berichte liest, die schildern, wie ein sogenannter War Room, in seiner Direktheit an sich schon ein einschüchternder Begriff, bei einem großen, bedeutenden und hoch angesehenen Konkurrenzunternehmen betrieben wird. In diesem Raum, der durchaus auch virtuell sein kann, werden negative Vorfälle, die sich bei der Konkurrenz ereignet haben, gesammelt und zur gezielten Weitergabe aufbereitet. »They want to take away your job«, hat einmal ein amerikanischer Kollege aus dem Management bei einer unserer Veranstaltungen für die Führungskräfte in Florida in einem kämpferischen Beitrag zum Verhalten der Konkurrenz erklärt. Und gleich hinzugefügt: »Denkt an eure Familien!«

Dass bei Verhandlungen mit Kunden über Aufträge nicht nur die eigenen Fähigkeiten ins rechte Licht gerückt, sondern im Wettbewerbsvergleich auch Defizite der Konkurrenten aufgezeigt werden, ist mehr oder weniger normal. Dass aber auch entsprechende »Pressearbeit« im Hintergrund betrieben wird, um andere mit aufgebauschten Geschichten oder gezielten Falschmeldungen anzuschwärzen, ist um einiges bedenklicher. Gegen die Verbreitung solcher Fake News hilft nur, ein gutes Arbeitsverhältnis zur Presse aufzubauen in der Hoffnung, dass man von solchen Attacken und ihren Urhebern rechtzeitig erfährt. Dann kann man sich auch wehren.

Für den Umgang mit Krisen gibt es kein Patentrezept. Die
beste Krisenkommunikation ist immer noch, eine unangenehme
Angelegenheit proaktiv anzugehen und glaubhaft zu vermitteln,
dass alles getan wird, um die Sache aus der Welt zu schaffen.
Wichtig ist es, angemessen und schnell zu reagieren, das Thema
nicht ausufern zu lassen und zu verhindern, dass es noch größer
wird, als es ohnehin schon ist. Aber man darf eben auch nicht
gleich in Panik verfallen. Es kommt häufig nicht so schlimm, wie
man in einer ersten Reaktion vielleicht annimmt. Eine Krise
könne auch ein produktiver Zustand sein, man müsse ihr nur den
Beigeschmack der Katastrophe nehmen, hat einmal Max Frisch
gesagt. Wer ein realistisches Bild seines Unternehmens vermittelt
hat und auch Fehler zugeben kann, der wird letztlich besser in der
Öffentlichkeit dastehen als jemand, der alles permanent nur
schöngeredet hat. Ein absolutes No-Go ist es zu versuchen, sich
auf Kosten von Lieferanten oder Kunden aus der Affäre zu ziehen,
indem man ihnen die Schuld an einer Fehlleistung zuschiebt. Das
will keiner hören.

Natürlich wird immer wieder versucht, die Arbeit der Presse
zu beeinflussen, manchmal offen, manchmal höchst subtil. Die
früher beliebten Einladungen zu Journalistenreisen auch in entfernte Gegenden der Erde, immer verbunden mit einem wichtigen
oder vermeintlich bedeutenden geschäftlichen Anlass, sind heute
in Verruf geraten, aber auch nicht ganz aus der Mode gekommen,
wenngleich die Zahl der reisefreudigen Pressevertreter rückläufig
ist und im Übrigen mit großem Selbstbewusstsein erklärt wird,
man lasse sich durch solche und andere Gefälligkeiten bei der
Berichterstattung keineswegs beeinflussen.

Journalistinnen und Journalisten sind auch darauf angewiesen, mit Meldungen »gefüttert« zu werden. Sie haben den verständlichen Ehrgeiz, besser unterrichtet und schneller zu sein als ihre Konkurrenz. Und da ist es nicht unerheblich, welche Zeitung das große Interview vom Firmenchef bekommt, wenn etwas Neues zu verkünden ist. Und wer wird nicht gerne mit einer kleinen, wenn auch nicht ganz so wichtigen Meldung unter der Hand frühzeitig versorgt, die ihm dann beim Leser und im Kollegenkreis entsprechende Aufmerksamkeit bringt? Alles menschlich und üblich.

Unser Siemens-Pressechef, der leider viel zu früh verstorbene Eberhard Posner, hat sein Metier prächtig verstanden. Das ging so weit, dass sich der Vorstand bei der Morgenlektüre des Pressespiegels manchmal verwundert die Augen rieb, welche Neuigkeiten schon wieder in der Presse standen. Siemens blieb im Gespräch, Schaden entstand keiner. Zu beachten war freilich immer der Grundsatz, der »fair disclosure«. Das hieß, börsenrelevante Informationen durften nicht so nebenbei verbreitet werden. Dafür gibt es etablierte Informationskanäle, die für Gleichbehandlung der Aktionäre sorgen. Ein anderes Verhalten würde sonst die Börsenaufsicht auf den Plan rufen mit unangenehmen Folgen bis hin zu Schadenersatzansprüchen von sich benachteiligt fühlenden Anteilseignern.

Der Pressechef war auch dann zur Stelle, wenn sich positive Meldungen in den Zeitungen allzu sehr häuften. Die gab es natürlich auch. Wenn zum Beispiel journalistisch tätige, angesehene Politiker wie Heiner Geißler und Peter Glotz, aus so unterschiedlichen politischen Lagern kommend, in kurzen

Abständen gut geschriebene, außerordentlich freundliche Porträts des Firmenchefs veröffentlichten, dann fand das im Unternehmen wie auch außerhalb eine positive Resonanz und stärkte das Ansehen.

Eberhard Posner erschien aber in solchen Fällen nicht bei mir, um für seinen erfolgreichen Einsatz, der häufig im Hintergrund stattfand, gelobt zu werden. Vielmehr betonte er immer wieder, dass man keinesfalls abheben und lieber die eigene Eitelkeit zurückstellen sollte. Je mehr man »hochgeschrieben« werde, umso größer könne später die Fallhöhe sein. Eine Warnung, die ernst zu nehmen einem nicht immer ganz leichtgefallen ist. Ein oft belächeltes Beispiel für solch einen Auf- und baldigen Abstieg konnte die Ernennung zum »Manager des Jahres« durch das *Manager Magazin* sein. Es war nicht ungewöhnlich, dass sich der Ruhm der so Gefeierten schon bald als vergänglich erwies. Erfolg in der Wirtschaft verflüchtigt sich manchmal schnell, und da können selbst erfahrene Redakteure und ihre Berater bei der Auswahl ihrer Laureaten nicht in die Kristallkugel schauen.

Auch ein Spitzenplatz im veröffentlichten und gerne gelesenen Ranking der wichtigsten Wirtschaftsführer Deutschlands muss nicht immer ungetrübte Freude bereiten. Sicherlich tut es dem eigenen Ego gut, wenn man bei einem solchen Schaulaufen wieder einmal auf einem der vordersten Plätze gelandet ist. Aber die Bewunderung von Partnern und Kollegen kann auch in unterschwelligen Neid umschlagen, den man irgendwann zu spüren bekommt. Doch es wäre eine übertriebene Sorge, dass von einer solchen herausragenden Bewertung auch geschäftliche Beziehungen beeinträchtigt werden könnten. Solange der Chef der Deutschen Börse, Theodor Weimer, mit seiner anerkannten unternehmerischen Spitzenleistung ganz oben stand, hat sich ein möglicher Neidfaktor ohnehin in sehr engen Grenzen gehalten.

Die sozialen Medien haben sich hingegen mehr und mehr zu einem Spannungsfeld von Verriss und Anerkennung entwickelt. Ob die ständige Präsenz in diesem Netzwerk einer Frau oder einem Mann aus der Wirtschaft wirklich weiterhilft? Botschaften des Spitzenpersonals aus der Wirtschaft werden besonders dann wirksam sein, wenn sie sich mit den Themen befassen, bei denen dem Autor eine besondere Autorität zugebilligt wird, also zum Beispiel bei Äußerungen zu den Rahmenbedingungen des Wirtschaftens, bei Ideen zu Innovation und Wachstum, bei Ausführungen zum Nutzen und zur Problematik der Globalisierung, sicher auch, wenn entsprechende Kompetenz vorliegt, zur Bedeutung des Klimaschutzes.

Wichtiger als die eigene, aktive Darstellung könnte freilich sein, tagesaktuell zu verfolgen, was in den sozialen Medien von anderen geschrieben wird. Einen Shitstorm frühzeitig zu erkennen, um entsprechend reagieren zu können, kann im Extremfall zur Lebensversicherung werden. Und die entsprechende Beobachtung muss man heute professionell und wesentlich effektiver organisieren, als das zu meiner aktiven Zeit notwendig war. Warnlampen sollten rechtzeitig aufleuchten! Die Reaktion auf Übertreibungen und Falschmeldungen erfolgt aber besser nicht spontan vom Schreibtisch oder vom häuslichen Sessel aus, sondern wird von Profis mit kühlem Urteilsvermögen und professioneller Erfahrung organisiert, auch wenn am Ende der Name des Vorstandsvorsitzenden unter einem gut vorbereiteten Tweet steht. Ein unüberlegter und emotionaler Schnellschuss kann sonst leicht nach hinten losgehen.

Ich habe von einem Kollegen gelernt, dass es angeraten sei, auch Wikipedia im Auge zu behalten. Auch da können negative Schlagzeilen zustande kommen, nicht nur zufällig und ohne große Hintergedanken, sondern durchaus gezielt mit Schädigungsabsicht.

Mein Fazit: Wer sich ins Rampenlicht begibt, darf nicht zu empfindlich reagieren, wenn es anders läuft, als er es gerne hätte. Cool und authentisch bleiben! Auch beim Austausch mit Journalistinnen und Journalisten gilt wie in jeder Beziehung, dass Ehrlichkeit, Wertschätzung und Respekt die Grundpfeiler des Miteinanders bilden. Das sollte jedoch keine Einbahnstraße sein, und man darf sich durchaus wünschen, dass die schreibende Zunft eine ähnliche Größe im Einstecken wie im Austeilen entwickelt.

Krasse Falschdarstellungen sollte man nicht auf sich beruhen lassen, vor allem wenn sie auch über das Internet verbreitet werden. Das Internet »vergisst« nicht, jedenfalls nicht ohne Weiteres. Wenn man nichts unternimmt, sieht man sich unter Umständen noch nach Jahren mit Unwahrheiten konfrontiert, die den Ruf permanent beschädigen können, weil sie immer wieder zitiert werden. Mit presserechtlichen Gegendarstellungen wird vorsichtig umzugehen sein. Nicht nur weil sie wegen der von Gerichten zugunsten der Presse immer weiter verschobenen Grenzen der Meinungs- und Pressefreiheit schwierig zu erreichen sind, sondern auch weil damit in unserer schnelllebigen Zeit schon vergessene Umstände wieder zum Leben erweckt werden. Sie können aber durchaus ein probates Mittel sein, um sich gegen falsche Tatsachenbehauptungen zur Wehr zu setzen. Medien mögen es nicht, wenn sie Korrekturen veröffentlichen müssen. Journalisten teilen gerne aus und stecken ungern ein. Manche von ihnen mögen bei gerichtlichen Niederlagen nachtragend sein und auf Revanche sinnen. Andere nehmen es sportlich, und wieder andere werden danach vielleicht zur Vorsicht neigen, wenn sie auf einen prinzipiell streitbaren Gegner treffen. Wird ein Journalist wiederholt bei Falschmeldungen ertappt, kann man davon ausgehen, dass dies seinem Ansehen in der Redaktion auf Dauer abträglich sein wird, und das möchte keiner.

Heute sind die Printmedien dabei, ihre einstige Macht einzubüßen. Das Fernsehen, vor allem aber die sozialen Medien verfügen über einen Einfluss, der auch von Blättern wie *Spiegel*, *Frankfurter Allgemeine Zeitung*, *Süddeutsche Zeitung*, der *Bild*-Zeitung und anderen nicht mehr erreicht wird. Die Ausrichtung der Pressearbeit in den Unternehmen muss diesen veränderten Bedingungen Rechnung tragen.

Ich habe positive und negative Erfahrungen mit der Presse gemacht, hilfreiche, freudige, aber auch schmerzliche. Das gilt auch für den persönlichen Umgang mit einer interessanten, neugierigen und aufgeschlossenen Gruppe von Menschen. Ich bleibe ein Verfechter von faktenbasierter Information. Eine Meinung will ich mir bei der Lektüre der Zeitungen – bei mir sind es drei, eine örtliche, eine überregionale und eine internationale – sowie mehrerer Pressespiegel gerne selbst bilden.

DAS DILEMMA MIT DER FRAUENQUOTE

Als wir im Jahr 2002 den Vorschlag diskutierten, im Unternehmen eine Frauenbeauftragte einzusetzen, erfolgte die Antwort des damaligen Personalvorstands Peter Pribilla postwendend: Eine spezielle Stelle bräuchten wir nicht zu schaffen, er übernehme diese Aufgabe als Arbeitsdirektor und zuständiger Vorstand sozusagen von Amts wegen gerne selbst. Ihm sei das ein Herzensanliegen.

Wir müssten allerdings, so fügte er gleich hinzu, das Thema viel breiter behandeln. Es gehe nicht nur um die besondere Förderung von Frauen im Berufsleben, sondern generell um die Vielfalt in der Belegschaftsstruktur, gemeinhin »Diversity« genannt. Also um die Herstellung von Chancengleichheit für alle Mitarbeiterinnen und Mitarbeiter unabhängig von Herkunft, Hautfarbe, Religion, sexueller Orientierung und anderen persönlichen Merkmalen.

Peter Pribilla hatte viele Jahre in einer hervorgehobenen Position in den USA gearbeitet und die dabei gemachten Erfahrungen in sein neues Vorstandsressort nach München mitgebracht. Leider konnte der früh Verstorbene seine Ideen nicht mehr alle selbst umsetzen.

Trotz dieses wichtigen Hinweises, dass die Förderung von Frauen bei der Personalarbeit nur einer von mehreren Aspekten sein kann, um persönliche Benachteiligungen und Diskriminierungen auszugleichen, konzentrierte sich die Diskussion im Zuge der angestrebten Gleichberechtigung der Geschlechter wie andernorts auch schnell darauf, wie man mehr Frauen in Führungspositionen bringen könnte.

Für uns als Vorstandsteam war klar, dass bei der von uns direkt zu verantwortenden Besetzung von Schlüsselfunktionen – wir hatten als Gremium unmittelbar über 350 Toppositionen im In- und Ausland selbst zu entscheiden – keine Quote vorgegeben werden konnte. Der Grund dafür war, dass die Voraussetzungen für eine entsprechende Berücksichtigung von Frauen nicht vorlagen. Wir mussten uns damals im scharfen internationalen Wettbewerb täglich neu behaupten und das ging nur, wenn wir der Konkurrenz nicht nur in Bezug auf Innovation und Technik, sondern auch hinsichtlich der Qualität unseres Personals überlegen waren. Folgerichtig umfasste die Beurteilung möglicher Kandidaten und Kandidatinnen das gesamte Kompetenzprofil: die erworbenen Kenntnisse, die bei uns meist technisch ausgeprägt sein sollten, die bereits gemachten beruflichen Erfahrungen und das bisher gezeigte Führungsverhalten, also die soziale Kompetenz. Das Kriterium »Vielfalt« spielte nur eine untergeordnete Rolle.

Aus dem Unternehmen heraus war es kurzfristig mangels geeigneter Kandidatinnen nicht zu schaffen, für ein ausgewogenes Verhältnis zu sorgen. Ich hätte es als Vater einer Tochter und als Chef vieler tüchtiger und intelligenter Frauen im Unternehmen sehr begrüßt, wenn Siemens hier frühzeitig eine Vorbildrolle hätte einnehmen können. Die Strategie, die das Unternehmen hinsichtlich »Diversity« verfolgte, konnte aber unter den gegebenen Umständen nur mittel- und langfristig wirken.

Relativ einfach war es noch, die Vorgabe zu machen, dass dort, wo Mitarbeiter aus dem Tarifkreis zum mittleren Management aufrückten, immer mit wachem Auge zu prüfen war, ob geeignete junge Frauen für die betreffende Position zur Verfügung standen, wenn sie den Willen, das Können und die Motivation zeigten, diesen Weg zu gehen.

In einem auf technologische Spitzenleistungen ausgerichteten Unternehmen ist es essenziell, frühzeitig das Potenzial junger Ingenieure – unabhängig vom Geschlecht – zu erkennen und sie schon in jungen Jahren zu fördern und an Spitzenjobs heranzuführen. Gesucht wurden nicht nur, aber doch in hohem Maße Elektroingenieure, denn schließlich handelte es sich um das führende Unternehmen der Elektrotechnik und Elektronik. Doch hier begann das Problem.

Unter den Studienanfängern im Fach Elektrotechnik an den Technischen Universitäten befanden sich leider kaum mehr als 10 Prozent Frauen. Wie sollte es dann gelingen, eine angemessene Anzahl von zunächst wenigstens einem Drittel Frauen für mittlere und höhere Managementaufgaben auszuwählen?

Im Fach Maschinenbau war es nicht viel anders. Das Verhältnis von männlichen zu weiblichen Studienanfängern in technischen Disziplinen mag sich heute etwas günstiger darstellen. Aber leider sind wir von unserem damaligen Ziel der Ausgewogenheit und vor allen Dingen von einer 50:50-Quote noch immer weit, sehr weit entfernt.

Bemerkenswert ist allerdings, dass in dem neu geschaffenen Fach Medizintechnik, einem informatiknahen Studiengang, der Frauenanteil zum Beispiel in Erlangen bei über 50 Prozent liegt. Vor Ort sagt man dazu: »Biete ein attraktives Anwendungsfeld wie die Medizin an, und schon trauen sich mathematisch begabte Schülerinnen an die Technische Fakultät.« Die Erfahrung lehrt, viele dieser Studentinnen wechseln nach dem Bachelorabschluss in der Medizintechnik in andere Bereiche wie Informatik, Elektrotechnik und Maschinenbau. Das ist eine erfreuliche Entwicklung, die über die Zeit dazu beitragen kann, die immer noch unbefriedigenden Verhältnisse zu verbessern.

Es ist viel darüber geschrieben worden, dass die Bemühungen, Schülerinnen für die MINT-Fächer – also Mathematik, Informatik, Naturwissenschaften und Technik – zu erwärmen, bereits frühzeitig und nicht erst im letzten Schuljahr beginnen müssten, damit sie die offenkundige Scheu vor diesen Fächern verlieren. Ansätze dafür gibt es bereits, aber wir liegen hier wahrscheinlich noch unter unseren Möglichkeiten.

Die Politik zeigt aktuell eine hohe Affinität in Richtung Quote. Die Wortwahl ist teilweise drastisch, wenn von erhöhtem Druck und schärferen Sanktionen für den Fall des Unterschreitens von gesetzlichen Vorgaben die Rede ist. Die vor Kurzem verabschiedete Regelung ist jetzt etwas »milder« ausgefallen. Beschlossen wurde als verbindliche Vorgabe und nicht nur als Empfehlung, dass alle börsennotierten und paritätisch mitbestimmenden Unternehmen eine Frau zum Zug kommen lassen müssen, wenn mehr als drei Geschäftsführer eine Firma leiten und ein Posten neu zu besetzen ist. Die Kämpferinnen für die Einführung der Frauenquote feierten das als historischen Kompromiss, obwohl sie nicht ganz damit zufrieden waren, dass auch in einem Unternehmen mit beispielsweise zehn Vorständen nur ein weibliches Mitglied im Vorstand vorhanden sein muss.

Ich denke, es wird noch einige Zeit dauern, bis wir paritätische Besetzungen von Männern und Frauen in Führungsfunktionen, so wünschenswert das ist, guten Gewissens gegenüber allen Beteiligten umsetzen können. Denn Quoten haben nur dann Sinn, wenn die notwendigen Potenziale vorhanden sind, um angemessen und situationsgerecht vorgehen zu können.

Bei aller Wichtigkeit und Dringlichkeit, Ausgewogenheit zu erreichen, sollte immer die Qualifikation das vorrangige Entscheidungskriterium bei der Auswahl von Spitzenpersonal sein. Wenn die Einhaltung von Quoten mit letzter Konsequenz erzwungen würde, könnte sich das zu einem Nachteil für die im harten internationalen Wettbewerb stehenden Unternehmen entwickeln, und das hilft letztendlich niemandem.

Man wird auch immer wieder mit dem Argument konfrontiert, es gebe genügend männliche Führungskräfte, die die Erwartungen an einen guten Manager nicht erfüllen, weder im Verhalten noch hinsichtlich ihrer Fachkenntnisse, und auch aus diesem Grund gebe es genügend Spielraum, um mehr Frauen in leitende Positionen zu bringen. Aber die Schlussfolgerung stimmt nur, wenn auch genügend qualifizierte Frauen gefunden werden, um etwaige Minderleister zu ersetzen. Auf eine Fehlbesetzung die nächste folgen zu lassen, nur um eine Quote zu erfüllen, ist nicht wirklich überzeugend. Außerdem sollte man auch nicht außer Acht lassen, dass junge männliche Mitarbeiter sich zurückgesetzt und ihrer Aufstiegschancen beraubt fühlen, wenn die Qualifikation nicht mehr zählt. Eine solche Art von Frustration in die Mannschaft hineinzutragen, sollte man sich ersparen.

Im Dialog mit Frauen habe ich auch gelernt, dass diese in aller Regel auch keine »Quotenfrauen« sein wollen. Andererseits kann man es ihnen nicht verdenken, wenn sie den Aufstieg »mitnehmen«, wobei Selbsteinschätzung und tatsächlich vorhandene Fähigkeiten sich ohnehin nicht immer im Einklang befinden, was aber nicht nur auf den weiblichen Teil der Belegschaft zutrifft.

Unternehmen versuchen, dem wachsenden öffentlichen Druck dadurch zu begegnen, dass sie aufgrund eigener Defizite in der Personalförderung verstärkt nach geeigneten weiblichen Spitzenkräften »auf dem Markt« suchen. Personalberater haben diesbezüglich Hochkonjunktur: Es wird eifrig bei anderen Unternehmen abgeworben. Solche Aktionen reichen auch über die deutschen Grenzen hinaus. Sprachlich ist das kein großes Problem, denn in vielen einheimischen Firmen dominiert heute schon die englische Sprache. Nur nebenbei: Als ich meinen Job antrat, wurde ich nach Sprachkenntnissen gar nicht gefragt. Heute undenkbar, da haben sich die Zeiten gewaltig geändert.

Es ist aber schon eine eigenartige Erscheinung, dass man häufig lieber die Blicke nach außen schweifen lässt, statt das Augenmerk auf die Entwicklung und Förderung des Führungstalents junger Frauen im eigenen Unternehmen zu richten. Während man die wirklichen oder vermeintlichen Schwächen der eigenen Talente kennt, lässt man sich vom manchmal antrainierten Auftreten von Vorstellungslöwinnen (das gilt natürlich auch im Fall von Löwen) beeindrucken. Meine allgemeine Erfahrung war – und das gilt sowohl für Frauen als auch für Männer –, dass der prozentuale Anteil von Fehlbesetzungen, die sich bei aller Sorgfalt nie ganz vermeiden lassen, bei von außerhalb des Unternehmens vorgenommenen Einstellungen signifikant höher war als bei interner Rekrutierung.

Karrieren von Frauen werden häufig auch dadurch beeinträchtigt, dass neben der Erfüllung der beruflichen Verantwortung noch familiäre Verpflichtungen zu erfüllen sind, und da ist es immer noch so, wenn auch mit abnehmender Tendenz, dass Frauen mehr Aufgaben bei der Familienarbeit übernehmen als Männer. Es ist eine hohe Kunst, beides in Einklang zu bringen, berufliche Ambitionen und Führung einer Familie. In dieser Hinsicht ist es mit bloßem Wohlwollen des Arbeitgebers nicht getan, sondern es müssen konkrete Maßnahmen folgen, um die Vereinbarkeit von Familie und Beruf zu erleichtern. Ein wesentlicher Beitrag der dabei zu schaffenden Rahmenbedingungen bezieht sich auf die Betreuung von Kindern im vorschulischen und schulischen Alter.

Ist man bei der Suche nach einer tüchtigen Frau im Ausland fündig geworden, kann man gegenüber kritischen Beobachtern auch gleich noch einen Fortschritt bei der Internationalisierung der Führungsmannschaft vermelden, heute ebenfalls ein wichtiges Kriterium für die Beurteilung der Personalpolitik von Unternehmen. Ausgeblendet wird dabei mitunter, dass nicht per se bessere Entscheidungen garantiert sind, weil ein oder mehrere Nichtdeutsche in einem Führungsgremium sitzen. Es kommt da schon sehr auf die richtige Auswahl an.

So konnte man gelegentlich beobachten, dass die kulturellen Unterschiede in Führungsgremien keineswegs befruchtend wirkten. Dafür gibt es prominente Beispiele. Eines davon war das schnelle Ausscheiden der zunächst hochgelobten Co-Vorstandsvorsitzenden Jennifer Morgan bei SAP, die schon nach einem halben Jahr ihren Job wieder los war. Dazu hat der Aufsichtsratsvorsitzende Hasso Plattner ausdrücklich und sehr glaubhaft erklärt, dass »Gender Mainstreaming« bei der Auswahl von Jennifer Morgan keine Rolle gespielt habe und dies auch nicht bei ihrem Ausscheiden der Fall gewesen sei.

Sicherlich ist es notwendig, dass bei Unternehmen, die sich auf umkämpften Weltmärkten bewähren müssen, egal ob sie zu den ganz großen oder zu den mittelständischen gehören, Frauen und Männer in den Leitungsgremien vertreten sein sollten, die sich auf der Welt auskennen und internationale Erfahrungen gesammelt haben. Wenn man gleichzeitig auf allen fünf Kontinenten Geschäfte machen will, bleibt das ein hoher Anspruch bei der Auswahl des Führungspersonals. Aber es ist auch klar: Es hilft nicht viel, wenn man sich Führungskräfte ins Boot holt, deren Horizont an der Grenze ihres eigenen Landes endet, nur damit man in der öffentlichen Wahrnehmung besser dasteht. Vielfalt in der Führungscrew, aber auch auf anderen hierarchischen Ebenen des Unternehmens wird dann einen Mehrwert bringen, wenn die Mitglieder Bereitschaft zur Teamarbeit zeigen sowie, eigentlich eine Selbstverständlichkeit, die Fähigkeit zur professionellen Führung eines nationalen und internationalen Geschäftes besitzen. Mehr Schein als Sein war langfristig noch nie ein gutes Rezept, auch nicht in der Personalarbeit.

Bei allen verständlichen Bestrebungen zur Internationalisierung der Führungsspitze sollte man auch nicht vergessen, dass es zweifellos Länder gibt, in denen es vorteilhaft sein kann, wenn die Firma ein deutsches Gesicht zeigt. Made in Germany steht für Qualität, Zuverlässigkeit, Pünktlichkeit, Ehrlichkeit und Durchhaltevermögen, so sieht man das an vielen Orten der Welt. Manche nennen das typisch deutsche Tugenden. Solche Eigenschaften werden in den Augen vieler Kunden dann auch am besten von Deutschen vertreten, die im Idealfall mit den Gepflogenheiten und der Kultur des jeweiligen Gastlandes gut vertraut sind.

Um kein Missverständnis aufkommen zu lassen: Erwartungen von Kunden, insbesondere von staatlichen Auftraggebern, können auch andere Gesichtspunkte stärker in den Vordergrund rücken, nämlich den Wunsch, bei Verhandlungen einem kompetenten Ansprechpartner ihrer eigenen Nationalität gegenüberzusitzen, der die Feinheiten ihrer Sprache und ihre Mentalität versteht. Die Dinge sind eben komplex und erfordern Flexibilität und Anpassungsvermögen.

Nicht einfacher werden die Umstände dadurch, dass es zwar genügend Länder gibt, in denen Verhandlungen jederzeit auch von einer Frau geführt werden können. Im Allgemeinen sind das solche, die gleiche Wertvorstellungen haben wie wir. Doch gibt es auch Regionen, in denen sich eine Frau in einem Verhandlungsteam nicht wohlfühlen wird, weil die Rahmenbedingungen für Frauen unangenehm bis peinlich sein können. Zum Glück nimmt ihre Zahl in letzter Zeit eher ab. Aber man darf sich der Tatsache nicht verschließen, dass in einigen Ländern, die zu den wichtigs-

ten Wirtschaftsnationen der Welt zählen, Frauen im Wirtschaftsleben kaum eine Rolle spielen.

Moderne Personalpolitik wird aber aufgrund solcher manchmal negativen Erfahrungen nicht das Ziel aus den Augen verlieren,
die Vielfalt im Unternehmen zu steigern und ihre Kernprozesse
danach auszurichten. Es sollte eine Selbstverständlichkeit sein,
Frauen, die im Unternehmen Karriere machen möchten und die
notwendigen Kompetenzen vorweisen, volle Unterstützung zu
gewähren. Roland Busch, der neu ernannte Vorstandsvorsitzende
von Siemens, hat dazu ein klares Bekenntnis abgelegt: »Vielfalt
bringt neue Ideen und neue Perspektiven und fördert damit die
für das Unternehmen lebensnotwendigen Innovationen.« Dazu ist
eine langfristig angelegte Personalarbeit notwendig. Wenn Siemens im Internet damit wirbt, der Frauenanteil im außertarifli-
chen Bereich sei in den letzten Jahren von 10 Prozent auf 13 Prozent gesteigert worden, dann zeigt die Entwicklung in die richtige
Richtung. Es wird jedoch auch deutlich, dass noch eine gewisse
Wegstrecke zurückzulegen ist, bis das Ziel einer angemessenen
Repräsentanz von Frauen in Führungsgremien erreicht sein wird.

Es bleibt unbefriedigend, wenn der bekannte Personalberater
Russel Reynolds in einer Studie feststellt, dass sich unter den 190
Vorständen von Dax-Unternehmen nur 27 Frauen befinden. Darunter keine einzige Vorstandsvorsitzende. Fünf waren Finanzvor-
stände, sechs Personalvorstände. Deutschland steht damit im
internationalen Vergleich nur im hinteren Feld. Im Zuge der
Corona-Pandemie hat sich der Anteil der Frauen noch weiter leicht
verringert. Es ist keine überzeugende Lösung, wenn versucht wird,
die Frauenquote beim Führungspersonal dadurch optisch etwas

günstiger zu gestalten, indem in Zentralfunktionen, also in der Rechtsabteilung, im Controlling, in Compliance und in der Personalabteilung überproportional viele weibliche Führungskräfte eingesetzt werden. Das sind eben »nur« Funktionen unterhalb der Vorstandsebene.

Anzuerkennen ist aber, dass viele Unternehmen sich heute sehr darum bemühen, Frauen frühzeitig und systematisch zu fördern, und dabei auch Fortschritte aufweisen können. Das gilt noch nicht unbedingt in gleicher Weise für den Mittelstand und hier insbesondere nicht für die geschäftlich Erfolgreichsten, d.h. die hundert größten deutschen Familienunternehmen. Für sie hat eine Studie der AllBright-Stiftung vom 1. März 2020 ergeben, dass weniger als 7 Prozent der Mitglieder in den Geschäftsführungen Frauen waren.

Bei der Besetzung von Aufsichtsräten sieht das Bild zumindest optisch freundlicher aus. Im März 2015 hat der Gesetzgeber eine Quote von mindestens 30 Prozent Frauen für Aufsichtsräte mitbestimmungspflichtiger und börsennotierter Unternehmen festgelegt. Sie ist heute an vielen Stellen erreicht. Wenn man allerdings das Wettrennen beobachtet, das sich Unternehmen und ihre Berater um qualifizierte Aufsichtsrätinnen liefern, kann man auch hier erkennen, dass die Anzahl geeigneter Kandidatinnen aus dem In- und Ausland nicht unbegrenzt ist. Die Häufung von Mandaten ist an der Tagesordnung, was jedoch auch für das männliche Geschlecht ein wenig erfreuliches Phänomen war und gelegentlich immer noch ist.

Es wäre aber nun höchst problematisch, wenn man aus dem (Teil-)Erfolg dieser Quotenvorgabe ableiten würde, man könne sie ohne Weiteres auf den Vorstand übertragen. Da liegen die Verhältnisse doch etwas anders.

Es ist immer noch ein Unterschied, ob für eine auf einen einzelnen Entscheidungsträger zugeschnittene Position, also den Vorstand, eine geeignete Führungskraft gesucht wird oder für ein
Gremium von im Grunde gleichberechtigten sechzehn bis zwanzig Personen, die ein anderes Gremium, nämlich einen hoffentlich
gut qualifizierten Vorstand, »nur« zu beraten oder zu überwachen
haben. Eine Fehlbesetzung im Vorstand kann für das Unternehmen und seine Mitarbeiter gravierende, sogar existenzbedrohende
Folgen haben. Beim Aufsichtsrat kann sie sich auch nachteilig
bemerkbar machen, aber bei der Größe des Gremiums werden
negative Auswirkungen eher begrenzt sein.

Eine ausgewogene Personalpolitik wird das Zusammenwirken
verschiedener Erfahrungen, Fachkenntnisse, Fähigkeiten und
Kulturen fördern und damit das Unternehmen innovativer und
erfolgreicher machen – das verstehe ich unter der Nutzung von
»Diversity« für die Erfüllung der Unternehmenszwecke. Doch das
wird nur gelingen, wenn die richtige Diskussionskultur herrscht
und unterschiedliche Ansichten angehört und am Ende bei der
Entscheidungsfindung auch berücksichtigt werden. Eine solche
Kultur entsteht nicht von selbst. Sie muss »von oben« gewünscht
und vorgelebt werden.

Bei Personalentscheidungen muss immer die Qualifikation im
Vordergrund stehen, nicht die Quote. Nur so sichern wir die
Zukunft unserer Unternehmen. Die Qualität des Personals war
schon immer ein entscheidender Wettbewerbsvorteil. Diesen gilt
es, gerade in Zeiten stürmischer Veränderungen – verwiesen sei

nur auf die rasante Entwicklung bei der künstlichen Intelligenz, die Digitalisierung in fast allen Lebensbereichen und das Vordringen der Informationsgesellschaft – kontinuierlich und überzeugend weiter auszubauen. Denn wir werden uns letztlich nicht mehr durch das physische Kapital von der Konkurrenz abheben, sondern durch unser Human- und Sozialkapital. Gerade auf diesen Feldern werden die Karten neu gemischt mit neuen Chancen auch für den weiblichen Teil der Belegschaft.

Ich halte seit fünfzehn Jahren an der Universität Erlangen-Nürnberg ein Seminar über Fragen des Managements. Der Anteil der Studentinnen liegt bei 50 Prozent. Ihre Leistungen sind überdurchschnittlich, ihr Auftreten selbstbewusst und häufig gemessen an ihrem Alter höchst professionell. Aber der Weg zu einer führenden Position im Management ist offenbar steinig. Man kann sich nur wünschen, dass den jungen Frauen in den Unternehmen, in denen sie tätig werden, vielfältige Optionen zur Entfaltung geboten werden und es nicht nur bei Lippenbekenntnissen und publikumswirksamen Reden bleibt. »Quotenfrauen« wollen diese jungen Frauen bestimmt nicht werden.

SHAREHOLDER VERSUS STAKEHOLDER

Es war ein Paukenschlag, als 185 amerikanische Vorstandsvorsitzende, allesamt Mitglieder des angesehenen Business Roundtable, des Dachverbands führender US-Unternehmen, im August 2019 die Rolle von Unternehmen in der Gesellschaft neu definierten, wie die *New York Times* berichtete. Das Streben nach Shareholder Value ist nicht mehr der alleinige Geschäftszweck, so lautete die plakative Schlagzeile. Mit von der Partie waren u.a. die Chefs von Apple, Goldman Sachs, Ford, Amazon, Pepsi, Walmart, JP Morgan, Siemens USA und viele andere Prominente und nicht ganz so Prominente.

Die einflussreiche Gruppe bekannte sich dazu, »in ihre Mitarbeiter zu investieren, die Umwelt zu schützen und sich gegenüber ihren Zulieferern fair zu verhalten«. Etwas pathetisch klang es dann in etwa so: Wir verpflichten uns, für all die Genannten Wert zu schaffen, um den zukünftigen Erfolg unserer Unternehmen und unseres ganzen Landes zu sichern. Nicht gefordert wurde in der Erklärung, so bemängelte es die *New York Times*, die ausufernden Gehälter der Topmanager zu begrenzen.

Nach dem Prinzip des Shareholder Value, das am markantesten der amerikanische Nobelpreisträger Milton Friedman vertrat, hat sich die Unternehmensführung in erster Linie im Interesse der Aktionäre für die Steigerung des Unternehmenswerts einzusetzen. Darin bestehe ihre soziale Verantwortung, so Friedman in einem viel beachteten Artikel in der *New York Times* im Jahr 1970. Lange Jahre war dies das Credo der amerikanischen Unternehmerelite, die damit auch das Verhalten ihrer Kollegen in anderen Ländern beeinflusste. Zum wichtigsten Kriterium für die Bemessung unternehmerischen Erfolgs wurde konsequent der Preis der Aktie. Maximaler Shareholder Value war die Devise.

Bei Siemens hatten wir diesen angelsächsischen Ansatz in seiner Ausschließlichkeit nie für uns gelten lassen und uns deshalb manchmal die Kritik von Finanzanalysten eingefangen. In unserem Leitbild hieß es denn auch: »Wir tragen gesellschaftliche Verantwortung und engagieren uns für eine bessere Welt. Unsere Ideen, Technologien und unser Handeln dienen den Menschen, der Gesellschaft und der Umwelt.« Vereinfacht gesagt haben wir uns einem Wirtschaftssystem verpflichtet gefühlt, das dem Wohl möglichst vieler Menschen in der Gesellschaft dienen soll, den sogenannten Stakeholdern. Dazu gehören auch die Aktionäre. Aber sie sind eben nur eine Gruppe, wenn auch eine wichtige.

Für uns waren dabei das Streben nach Shareholder Value und der Ausgleich mit den Interessen der Mitarbeiter immer zwei Seiten derselben Medaille. Wenn ein Unternehmen hohe Gewinne erzielt, freuen sich die Aktionäre, weil sie mit guten Dividenden und steigenden Börsenkursen rechnen können. Aber es nützt auch den Mitarbeitern, weil dann in Innovation, Wachstum und nicht zuletzt auch in ihre Aus- und Weiterbildung investiert werden kann. Letzteres wird für die Beschäftigten immer wichtiger, weil einmal erworbenes Wissen schnell veralten kann und vermeintlich sichere Jobs allein aufgrund des voranschreitenden Strukturwandels unvermittelt infrage gestellt werden. Deshalb ist lebenslanges Lernen keine Floskel, sondern eine Notwendigkeit, um die sogenannte Employability, also die Qualifikation für neue berufliche Aufgaben, zu gewährleisten.

Ertragsstärke des Unternehmens und zukunftssichere Arbeitsplätze gehören zusammen, sie bedingen sich gegenseitig. Gute Ergebnisse werden sich nachhaltig nur dann einstellen, wenn eine zufriedene Belegschaft an die Zukunft ihres Unternehmens und ihrer Arbeitsplätze glaubt und entsprechend motiviert ans Werk geht. Häufig kann man schon an der Entwicklung des Krankenstands ablesen, ob die Atmosphäre im Unternehmen stimmt oder nicht.

Mit unserem unternehmerischen Ansatz, entwickelt für ein börsennotiertes Großunternehmen, befanden wir uns in voller Übereinstimmung mit den Überzeugungen, die auch im Mittelstand, insbesondere in den oft über Generationen hinweg von Familien geführten Firmen – man nennt sie das Rückgrat der deutschen Industrie – vertreten werden. Auch da will man Geld verdienen, und das gelingt oft sehr gut. Aber es gelten eben auch noch andere Werte, an denen sich die in der Regel inhabergeführten Unternehmen des Mittelstands orientieren.

Wie sehr sich im Konkreten unsere Vorstellungen von denen angelsächsischer Unternehmen unterschieden, zeigte eine kurze Diskussion, die ich einmal mit der amerikanischen Unternehmerlegende Jack Welch führte. Es war zwar auch bei uns nicht ein unter allen Umständen erstrebenswertes Unternehmensziel, die Zahl der Beschäftigten immer weiter anzuheben. Sie war, wenn man Bosch-Siemens Hausgeräte, das Gemeinschaftsunternehmen zwischen Bosch und Siemens, in die Betrachtung miteinbezog, auf eine halbe Million angestiegen, eine Größenordnung, die an den Kapitalmärkten wegen der damit verbundenen hohen Personalkosten durchaus kritisch gesehen wurde. Aber wir hatten einigen Stolz darin entwickelt, zu den großen und bedeutenden Arbeitgebern zu gehören, und zwar nicht nur in Deutschland, sondern auch in anderen Ländern, in denen wir tätig waren. Und zu diesem internationalen Auftritt gehörte natürlich der Aufbau von Fabriken und Ingenieursstandorten mit vielen Arbeitsplätzen.

Wir haben das Argument, wir würden in unseren Gastländern für Transfer von Technologie sorgen sowie Wertschöpfung vor Ort mit den zugehörigen Jobs generieren und damit langfristig zu einer positiven wirtschaftlichen Entwicklung beitragen, auch gerne benutzt, wenn es um die Vergabe großer Aufträge ging, auf die die Regierung des jeweiligen Landes Einfluss hatte. Der Aufbau umfangreicher Lieferketten mit Fertigungsstätten, Ingenieurbüros und Forschungs- und Entwicklungskapazitäten findet nämlich nicht nur statt, um sich niedrige Kosten in China, Indien oder Mittel- und Osteuropa zu sichern. Er ist häufig auch die Voraussetzung für einen erfolgreichen Marktzutritt oder erleichtert diesen zumindest. Die wieder aufgeflammte Diskussion über die Gefahren der Abhängigkeit durch die Verflechtungen, die die Globalisierung geschaffen hat, geht über diese Umstände häufig hinweg. Wirtschaftliche Verflechtung und gegenseitige Abhängigkeit sind auch Friedensstifter. Deshalb ist es durchaus bedauerlich, wenn die über Jahrzehnte gewachsene internationale Arbeitsteilung zunehmend aus (macht-)politischen Gründen infrage gestellt wird und Autarkiestreben Platz greift. Die politischen Risiken sind aufgrund der internationalen Spannungen gewachsen. Wohlstandsfördernd wird diese Entwicklung, wenn den Ankündigungen wirklich die praktische Umsetzung folgt, nicht sein. Schon gar nicht für die deutsche Industrie, die Vorprodukte und Bauteile in alle Welt liefert und aus aller Welt bezieht.

Es ist freilich nicht zu bestreiten, dass die Corona-Krise Schwachstellen bei den in den letzten Jahren über Landesgrenzen und Kontinente hinweg entstandenen komplexen Lieferbeziehungen aufgezeigt hat. Doch es war schon immer ein Fehler, nur die Kosten in Betracht zu ziehen und sich bei Vorprodukten von einer einzigen Lieferquelle, einer »single source«, abhängig zu machen, denn Fabriken sind auch schon abgebrannt. Auch grundsätzliche strategische Überlegungen sollten einem klugen Einkaufsmanagement nie fremd sein. Weitsichtige Einkäufer haben schon immer Lieferanten aus verschiedenen Wirtschaftsräumen ausgewählt. Häufig um einen Ausgleich bei den unterschiedlichen Währungen zu schaffen, also das Währungsrisiko zu verringern.

Aber es stimmt: Auf Übertreibungen werden Rückholaktionen folgen, und manche Firmen werden sich demzufolge darauf einstellen müssen, wieder in kleineren Losen zu produzieren, auch wenn damit zunächst höhere Kosten, insbesondere steigende Fixkosten, verbunden sein werden. Fortschritte in Automatisierung und Digitalisierung sollten dabei helfen, den Kostenanstieg nicht ausufern zu lassen und die Kosten-Nutzen-Bilanz weitgehend ausgeglichen zu gestalten.

Die amerikanischen Wettbewerber setzten, wenn es darum ging, Regierungen vor Ort zu beeindrucken und zu einer Unterschrift unter ein gewinnbringendes, hart umkämpftes Projekt zu bewegen, auch noch andere Argumente ein als die Darstellung lokalen Engagements: Es kam durchaus vor, dass bei einer Verhandlungsrunde der amerikanische Botschafter mit am Verhandlungstisch saß und als Mitglied der Verhandlungsdelegation allein durch seine Präsenz die Argumente seiner Landsleute verstärkte. »Political pressure« war an der Tagesordnung, wo die deutsche Diplomatie vorsichtig und durchaus der deutschen Rolle angemessen von »politischer Flankierung« sprach. Die kommerziellen Angebote unserer Wettbewerber bekamen zusätzliches Gewicht, wenn mehr oder weniger dezent auf bestehende bilaterale Vereinbarungen zum militärischen Schutz hingewiesen werden konnte oder gar Waffengeschäfte ins Spiel gebracht wurden. Wir konnten an dieser Stelle damals nicht mithalten und können (und wollen) es auch heute nicht.

Jack Welch erklärte mir einmal, Siemens sei eigentlich eine große Beschäftigungsgesellschaft – und nicht so sehr gewinnorientiert, das war die damit verbundene Aussage. Und dann: »Heinrich, if you want to buy a factory from us, you can have one.« Sprich: »Eigene Wertschöpfung und die damit verbundenen Arbeitsplätze sind für uns nicht so wichtig.« Sein Nachfolger hat sich noch etwas direkter ausgedrückt, als er an mich gerichtet erklärte: »Show me the money.« Das und nur das zählt!

Der Vorteil der geringeren eigenen Fertigungstiefe durch weniger Fabriken bestand für General Electric (GE) einmal darin, dass das Unternehmen an den Kapitalmärkten besser bewertet wurde, weil angeblich seine Produktivität, gemessen als Umsatz pro Mitarbeiter, um einiges höher ausfiel als bei anderen Unternehmen, besonders im Vergleich zu Siemens. Es war schwierig, Finanzanalysten und die Presse davon zu überzeugen, dass diese einseitige Betrachtungsweise zu unzutreffenden Schlussfolgerungen führte. Denn entscheidend war, ob die in den eigenen Werken produzierten Produkte teurer hergestellt wurden als die, die GE von Zulieferern bezog. Umsatz pro Mitarbeiter war offensichtlich nicht der richtige Vergleichsmaßstab. Abgesehen davon, dass es auch um Qualität und Termintreue ging, in eigenen Werken gut kontrollierbar, und der Know-how-Schutz unter dem Dach von Siemens selbstverständlich gewährleistet war, was beispielsweise auf Lieferanten aus China eher nicht zutraf. Auch diese Punkte sind in einem echten Vergleich miteinzubeziehen.

Andererseits war der Hinweis durchaus berechtigt, dass geringere Wertschöpfungstiefe größere Flexibilität erlaubte. Wenn die eigenen Geschäfte aus konjunkturellen oder sonstigen Gründen schlecht liefen, erhielten Zulieferer von GE eben weniger Aufträge und mussten die folgenden Beschäftigungsprobleme bei sich ausbaden. GE blieb von solchen negativen Konsequenzen weitgehend verschont.

Uns trafen geschäftliche Schwankungen um einiges härter. Und es war wohl so, dass wir, auch geprägt von einer bereits vom Firmengründer Werner von Siemens begründeten Tradition »sozialer Verantwortung«, nicht immer klar und schnell genug zwischen strukturellen und operativen Problemen im Unternehmen und den sich daraus jeweils ergebenden unterschiedlichen Handlungszwängen differenziert haben.

Leider kommt es immer wieder vor, dass Geschäfte nicht so laufen, wie man das gerne hätte, und dass sich Verluste einstellen. In vielen Fällen lässt sich die Situation durch geeignete Maßnahmen korrigieren, die operativen Schwächen werden beseitigt, manchmal unter großen Opfern und mit Einschnitten auf der Personalseite.

Bei strukturellen Problemen, also zum Beispiel bei Verlusten, die von einem uneinholbaren technologischen Rückstand herrühren oder aus einer chronischen Schwäche in der Stellung am Markt entstanden sind, geht das nicht. Hier hilft nur ein entschlossenes Vorgehen bis hin zur Aufgabe des Geschäfts. Ein Zögern führt am Ende dazu, dass gute Geschäfte ein schlechtes womöglich dauerhaft subventionieren. Das Unternehmen wird als Ganzes geschädigt und bei der heute unvermeidbaren Transparenz in der Darstellung der Geschäftsergebnisse nach außen bleiben solche Schwächen nicht verborgen. Negative Reaktionen am Kapitalmarkt sind dann unvermeidlich. Auch in solchen Fällen galt es, Einschnitte bei Arbeitsplätzen immer sozial abzufedern, auch mit erheblichem finanziellem Aufwand.

Die vom Shareholder-Value-Konzept beeinflussten Amerikaner waren da immer rigoroser: »Fix, close or sell« war die Devise von Jack Welch, wenn Geschäfte schlecht liefen. Entweder also aufgetretene Probleme lösen oder ein Geschäft schließen oder verkaufen, lautete der Auftrag an das Management. Und wo wir uns manchmal in langwierigen Diskussionen bei unvermeidbaren Personalanpassungen um sozialen Ausgleich bemühten, ging es dort vor allem um Schnelligkeit. »Neutron Jack« war der Spitzname, den der bedeutende und bewunderte Unternehmer zumin-

dest eine Zeit lang vor sich her trug. »Neutron Jack« sollte aus-
drücken: Der Mann geht wie eine Neutronenbombe durch die
Fabriken, die Wände bleiben stehen, aber die Menschen sind weg.
Bei Siemens wäre das völlig undenkbar gewesen.

Sicherlich waren wir in unseren Reaktionen manchmal auch
etwas langsam. Die Kritik von den Kapitalmärkten blieb dann
nicht aus. Und die Londoner *Financial Times* bezeichnete mich in
einer Überschrift einmal als »pragmatic capitalist«, aber eben auch
als »social romantic«. Eine Bemerkung, die bei finanzstarken
Großaktionären, die mehrere Millionen Aktien des Unternehmens
im Portfolio hielten (und auch heute noch halten), nicht unbedingt
großen Beifall gefunden haben dürfte. Mir hätte sie bei den
Gewerkschaften, wenn denn einer ihrer Vertreter den englischen
Text gelesen hätte, hierzulande wohl eher nicht geschadet.

Jack Welch war bis zu seinem Ausscheiden im Jahr 2001 der
umjubelte große Star. Bei den von der Presse immer wieder zu
Siemens geradezu genussvoll gezogenen Vergleichen war man gut
beraten, nicht aufzumucken, sondern zumindest nach außen so
gelassen wie möglich zu bleiben. Als er schließlich mit allen Ehren
ausschied, wurde ihm sein Ruhestand mit einer »Abfindung« von
mehr als 400 Millionen Dollar versüßt. Er hatte den Börsenwert
der GE während seiner Amtszeit von etwas mehr als 10 Milliarden
Dollar auf über 400 Milliarden Dollar hochgetrieben und GE
zeitweise zum wertvollsten Unternehmen der Welt gemacht.
Allerdings hatte er eine Struktur hinterlassen, die seinen Nachfolger vor Riesenprobleme stellte. Die Folge war ein regelrechter
Kollaps an der Börse. Von der einstigen Größe ist heute nichts
mehr übrig. Nachhaltig war die totale Fokussierung auf Share-

holder Value also nicht. Das Unternehmen musste im Jahr 2018 sogar den wohl wichtigsten Aktienindex der Welt, den amerikanischen Dow Jones, verlassen, was einer regelrechten Demütigung gleichkam. Kritik in den Medien kam spät, sehr spät.

Lange Jahre, wahrscheinlich zu lange, wurde bei Siemens mit einer äußerst niedrigen Umsatzrendite von nur 2 bis 2,5 Prozent gearbeitet. Hartmut Berghoff, der von Siemens mit der Darstellung der Unternehmensgeschichte beauftragte Historiker, hat berichtet, dass 1991 von 280 Geschäftseinheiten, so viele gab es damals, 122 in Verlust waren, die von den profitablen durchgefüttert wurden. Die damit verbundene Quersubvention hat niemanden so richtig gestört. Teils, weil man im Unternehmen die soziale Verantwortung auch für nicht rentable Arbeitsplätze ernst nahm, man kann auch sagen, übertrieb. Teils aber wohl auch, weil in einem ehrgeizigen Ingenieurunternehmen einfach Freude an technischen Pionierleistungen herrschte, auch wenn diese nicht immer Aussicht auf wirtschaftlichen Erfolg boten. Erst – vereinfacht ausgedrückt – durch die einsetzende Globalisierung und den damit einhergehenden verstärkten Druck der Finanzmärkte zur transparenten Darstellung einzelner Geschäfte auch nach außen hat sich in den 1990er-Jahren die Situation grundsätzlich geändert. Chronisch unrentable Geschäfte wurden aufgegeben.

Woran sich hiesige Unternehmen ungern gewöhnt haben, war die aus der angelsächsischen Welt herübergeschwappte Verpflichtung, Quartalsberichte zu veröffentlichen, also vierteljährlich über die Kennzahlen wie Umsatz und Ergebnis des Unternehmens zu berichten. Dort, wo für die Kunden große Anlagen wie zum Beispiel Kraftwerke errichtet oder Eisenbahnen gebaut werden, bei denen das Ergebnis eines Projekts aufgrund der langen Laufzeit der Aufträge erst nach der Übergabe an den Kunden feststeht, ist eine Veröffentlichung von Zahlen im Rhythmus von drei Monaten ohnehin wenig aussagekräftig. Abgerechnet wird erst ganz am Ende.

Die quartalsweise Berichterstattung ist aber auch aus einem anderen Grund nicht unproblematisch. Für das Management ist die Versuchung nicht von der Hand zu weisen, durch kurzfristig wirkende Optimierungen in der Öffentlichkeit und vor allem an der Börse mit den Ergebnissen gut dastehen zu wollen. Aufwendungen, die erst mittel- oder langfristig Erfolg versprechen, unterbleiben, weil sie für den Augenblick eine Belastung darstellen. Ein Aufbau neuer Geschäfte findet dann eher nicht statt, weil man die dazu notwendigen, ergebnisbelasteten Vorleistungen scheut. In abgewandelter Form gilt auch hier ein schöner Satz von Werner von Siemens: »Für augenblicklichen Gewinn verkaufe ich die Zukunft nicht.« Kurzfristig die Kapitalmärkte und damit die Investoren zufriedenzustellen und gleichzeitig langfristig und nachhaltig den Unternehmenswert zu steigern, bleibt eine herausfordernde und verantwortungsvolle Managementaufgabe.

Wahrscheinlich erfordert es schon eine gewisse Größe, bei der »Gestaltung« der Ergebnisrechnung nicht auch daran zu denken, dass die Auswirkungen auf die gewinnabhängige Bonuszahlung und damit auf den eigenen Geldbeutel, wie gut gefüllt er auch immer schon sein mag, beträchtlich sein können. Das gilt besonders dann, wenn das oberste Management damit rechnen muss, dass seine Verweildauer an der Spitze der Firma eher begrenzt sein wird. Die 185 amerikanischen Topunternehmer haben bei ihrer

Abkehr von der Verfolgung des reinen Shareholder Value das heiße Eisen der Managervergütung jedenfalls nicht anpacken wollen.

Mit Bewunderung und durchaus mit etwas Neid kann man auf ein im Schwäbischen angesiedeltes großes Elektrounternehmen blicken, das verkündet, 7 Prozent Umsatzrendite sei das anzustrebende Unternehmensziel und nicht 15 Prozent oder noch mehr, wie das bei der Konkurrenz der Fall ist. Diese »Bescheidenheit« wird akzeptiert, weil das Management einer Stiftung und nicht Aktionären an der Börse Rechenschaft ablegen muss. Belohnt wird der Eigentümer mit respektablen Wachstumsraten, die immer wieder auf herausragenden, langfristig angelegten technischen Spitzenleistungen beruhen. Auch da werden Fehler gemacht. Aber das gleichzeitige Streben nach langfristigem profitablem Wachstum sowie nach Nachhaltigkeit und die dabei erzielten Ergebnisse sind beeindruckend. Dass das Unternehmen ein Konglomerat darstellt, also verschiedene, auch voneinander unabhängige Geschäfte unter seinem Dach vereint, stört nicht. Im Gegenteil, diese Struktur wird angestrebt, weil sie von Konjunkturzyklen, die in unterschiedlichen Branchen unterschiedlich verlaufen, unabhängig macht. Shareholder Value at its best!

Die Freude, Aktionären etwas Gutes zu tun, beobachtet man auch an ausufernden Aktienrückkaufprogrammen, ebenfalls eine zunächst vorwiegend in den USA anzutreffende Erscheinung. Selbst in der Zeit der Corona-Krise, wo man doch meinen kann, wegen der Unübersichtlichkeit der Entwicklung sei jetzt besonders strenges Cash-Management gefragt, wurden solche Programme keineswegs überall ausgesetzt, sondern manchmal sogar noch forciert und höhere Summen bewegt.

An den Finanzmärkten findet man heute keinen ungeteilten
Beifall, wenn man äußert, es sei im Grunde umgekehrt richtig:
Der Aktionär investiert in ein Unternehmen in der Erwartung,
dass ein kluges Management den eingebrachten Einsatz vermehrt,
indem es profitables Wachstum erzielt, zum Beispiel durch Investitionen in neue Geschäfte und in die Ausbildung der dabei ein-
zusetzenden Mitarbeiterinnen und Mitarbeiter. Zugegeben, der
Aktienkurs wird durch die Rückkäufe im Allgemeinen gesteigert,
weil sich der Gewinn auf eine geringere Anzahl von Aktien verteilt
und sich das dann in Dividendenerhöhungen und Kurssteigerun-
gen bemerkbar macht. Aber wäre es nicht unternehmerisch attrak-
tiver, neue, ertragreiche Geschäfte aufzubauen und dadurch einen
langfristigen Mehrwert für die Aktionäre und – gemäß der neuen
Unternehmensphilosophie der amerikanischen Topunternehmer –
auch für die Mitarbeiterinnen und Mitarbeiter zu schaffen?

In den letzten Jahren ist eine langfristige Orientierung des
Managements verschiedenen Ortes auch durch das Auftreten sogenannter aktivistischer Shareholder infrage gestellt worden. Diese
Aktionäre kaufen sich häufig mit einem nur kleinen Anteil in
Unternehmen ein und versuchen dann, mit massiven, auch öffentlichen Auftritten Strukturveränderungen bis hin zur Aufspaltung
des Zielunternehmens zu erzwingen, um kurzfristig den Aktienkurs zu steigern und schnelle Gewinne mitzunehmen. Ins Visier
dieser Aktionärsgruppen geraten besonders Unternehmen, die
entweder eine gewisse Zeit lang durch schlechte Ergebnisse auf-
fallen oder die mehrere Geschäftszweige betreiben (Multibusiness-
Unternehmen), die nach Meinung der neuen Shareholder als »pure
player«, also mit nur einem Geschäft, größeren Erfolg, vornehm-

lich an der Börse, erzielen könnten. Die Einzelteile dieser Unternehmen, so wird argumentiert, seien in ihrer Summe, wenn sie getrennt antreten, mehr wert als das Gesamtunternehmen in seinem aktuellen Zuschnitt, dessen Aufspaltung man deshalb betreibt. Von den Stakeholdern, also zum Beispiel den Arbeitnehmern, ist bei diesen Aktionären wenig die Rede. Es geht vorwiegend um die Maximierung des Shareholder Value.

Die Abwehr solcher Attacken wird, wenn das Management solche überhaupt organisieren will, dann gelingen, wenn man mit einem überzeugenden Geschäftsmodell aufwartet und dabei auch die Synergien des eigenen Konzepts überzeugend darzustellen versteht. Beides verbunden mit einer guten operativen Führung und unterstützt von der Belegschaft und den Gewerkschaften, deren Interessen denen der aktivistischen Shareholder meist zuwiderlaufen. Dazu gehört auch, sich frühzeitig mit der Möglichkeit solcher Angriffe zu befassen und nicht erst, wenn sie konkret drohen. Aktionäre werden in einem solchen Abwehrkampf (nur) eine Stütze sein, wenn sie sich über die Strategie des Unternehmens gut informiert fühlen und sich von dem Zugriff der »Aktivisten« keinen Vorteil versprechen.

Interessant wird es sein zu verfolgen, ob die neue Welle der »Social Responsibility« auch dazu führen wird, dass die bei uns bewährte Mitbestimmung in amerikanischen Betrieben wenigstens in Teilen Einzug halten kann. In Diskussionen mit amerikanischen Unternehmern hatte man bislang eher den Eindruck, dass die Mitbestimmung in die Nähe einer sozialistischen Einrichtung gerückt wurde, die ein schnelles unternehmerisches Handeln verhinderte und geradezu lähmend wirkte. Wir haben bewiesen, dass das nicht stimmt. Wir sind mit unserem System in den letzten Jahrzehnten mit kleinen Einschränkungen gut gefahren. Ob sich ein solches Vorgehen auch in der amerikanischen Unternehmenskultur bewähren könnte, kann man allerdings durchaus mit Fragezeichen versehen.

Wir werden mit Spannung beobachten, was im Konkreten aus den Bekenntnissen der 185 amerikanischen Vorstandsvorsitzenden folgen wird. Waren es nur dem Zeitgeist geschuldete Lippenbekenntnisse, oder werden wir tiefgreifende Veränderungen erleben? Nach wie vor ist zum Beispiel immer noch die Entwicklung der Aktienkurse ein wesentliches Kriterium für die Bewertung des Erfolgs amerikanischer Wirtschaftspolitik. Und wenn der frühere amerikanische Botschafter John Kornblum, ein großer Kenner der deutschen Kultur, erklärt, Amerika schaffe die soziale Stabilisierung nicht, stimmt das doch sehr nachdenklich.

Bei jungen Leuten, zumindest in unserem Land, hat man den Eindruck, dass sie bei ihrer Berufswahl weniger den Shareholder Value vor Augen haben. Sie wollen auch nicht nur einer Arbeit nachgehen, um Geld zu verdienen. Sie fragen darüber hinaus nach dem »purpose«, dem übergeordneten Sinn ihrer Tätigkeit. Darauf werden sie eine Antwort bekommen müssen.

DANK

Bei der Erarbeitung der Texte hat mir die kritische Begleitung durch eine Reihe früherer Kolleginnen und Kollegen sowie einiger guter Freunde sehr geholfen, für deren Offenheit und fachmännischen Rat ich herzlich danke. Zu Dank verpflichtet bin ich auch den vielen Mitarbeiterinnen und Mitarbeitern des Unternehmens, für das ich fast vierzig Jahre tätig sein durfte, die mir in unserer langjährigen gemeinsamen Zusammenarbeit ermöglicht haben, Lehrreiches und Heiteres zu erleben und mich in der Kunst des Machbaren zu üben, also die Erfahrungen zu sammeln, die ich in diesem Buch verarbeitet habe.

Dankbar bin ich auch meiner Sekretärin Maren Adelhardt, die mich bei meinen wiederholten Ergänzungen und Korrekturen der Texte sorgfältig und geduldig unterstützte.

Ganz wichtig waren die vorbehaltlose Ermutigung, das beeindruckende Einfühlungsvermögen und das professionelle Lektorat, mit dem Dr. Annalisa Viviani zur inhaltlichen und textlichen Gestaltung des Buches beigetragen hat. Zu danken habe ich auch Michael Wurster vom Redline Verlag, der meine Buchidee schnell aufgegriffen und tatkräftig unterstützt hat.

Besonders lieben Dank möchte ich meiner Frau sagen, die in der Corona-Zeit auf viele gemeinsame Stunden verzichten musste, die ich beim Verfassen der Texte am häuslichen Schreibtisch und im Büro verbracht habe, und die als erste Leserin die Rohfassung des Buches mit wertvollen und bestärkenden Anregungen begleitete.

ÜBER DEN AUTOR

Heinrich von Pierer, auch bekannt als »Mr. Siemens«, war fast 40 Jahre für den deutschen Weltkonzern tätig, davon 15 Jahre als Vorstands- und Aufsichtsratsvorsitzender. Als einziger Topmanager trat er vor dem UN-Sicherheitsrat in New York auf und war geschätzter Gesprächspartner sowie Berater von Kanzlern und Kanzlerin. Heute berät er Unternehmen und gibt seine Erfahrung an der Universität weiter.

Wie Führungskräfte die besten Teams bilden

Ohne ein verlässliches Team könnten viele Führungskräfte ihre Ziele niemals erreichen. Leider werden viele Teams von internen Machtkämpfen ausgebremst und Vorgesetzte zeigen sich in diesen Situationen oft erstaunlich hilflos.

Simon Sinek weiß, auch im Business gilt: »Gute Chefs essen immer zuletzt.« Was in der Kantine noch symbolisch gemeint ist, wird auf dem Schlachtfeld todernst: Sie opfern ihren eigenen Komfort, zum Wohl derer, die ihnen unterstehen. Chefs, die dazu bereit sind, werden mit loyalen Kollegen belohnt und schaffen so die Grundlage für erfolgreiche Teams.

352 Seiten
Hardcover
24,99 € (D) | 25,70 € (A)
ISBN 978-3-86881-662-4

www.redline-verlag.de

REDLINE | VERLAG

Die Erfolgsprinzipien der Besten

Wie erklären sich die beeindruckenden Lebensleistungen so unterschiedlicher Menschen wie Steve Jobs und
Roger Federer, Elon Musk, Sheryl
Sandberg und James Watt? Alle diese
Menschen waren nicht nur begnade-
te Künstler, Wissenschaftler, Politiker
oder Unternehmer – sie waren gleichzeitig auch hervorragende Manager.
Frank Arnold beschreibt in diesem
internationalen Bestseller über 60
Persönlichkeiten aus verschiedenen
Bereichen der Gesellschaft, was deren
Erfolg ausmacht und was Führungskräfte daraus lernen können.

288 Seiten
Softcover
19,99 € (D) | 20,60 € (A)
ISBN 978-3-86881-729-4

www.redline-verlag.de

REDLINE | VERLAG